从新手到高手

Cinema 4D R23
从新手到高手

高 雪 / 编著

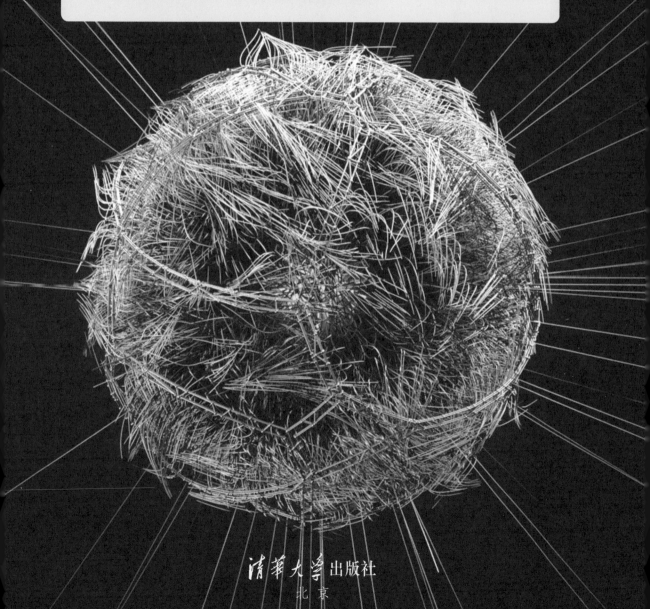

清华大学出版社

北京

内容简介

Cinema 4D是一款优秀的三维绘图软件，以极高的运算速度和强大的渲染插件著称，Cinema 4D R23是其最新版本。本书由浅入深详细讲解了Cinema 4D的基础用法到高级应用，全书共分11章，依次介绍了Cinema 4D的基础知识、Cinema 4D的基本操作、场景文件的管理和界面定制、基本物体的创建、编辑和修改对象、灯光和环境的设置、材质制作、使用Octane渲染器制作材质、动画制作，最后通过两个综合案例对上述内容融会贯通，从建模开始，到制作材质、渲染场景，让物体在场景中逐渐显现逼真的形态，动力学动画案例又为模型制作了酷炫的动画效果。另外，本书赠送3000分钟教学视频、20GB Octane渲染器资源预置库、6.5GB本书案例的工程文件及素材库、教学PPT课件。

本书注重实用性，适合初、中级三维制作人员作为学习或参考用书，能够帮助读者快速掌握Cinema 4D的操作技巧，制作出精美的三维图像和动画。

图书在版编目（CIP）数据

Cinema 4D R23从新手到高手 / 高雪编著.—北京：清华大学出版社，2022.3

（从新手到高手）

ISBN 978-7-302-59556-4

I. ①C… II. ①高… III. ①三维动画软件 IV. ①TP391.414

中国版本图书馆CIP数据核字（2021）第231343号

责任编辑： 张　敏
封面设计： 郭二鹏
责任校对： 胡伟民
责任印制： 沈　露

出版发行： 清华大学出版社

网　　　　址：	http://www.tup.com.cn，http://www.wqbook.com		
地　　　　址：	北京清华大学学研大厦A座	邮　　编：	100084
社　总　机：	010-83470000	邮　　购：	010-62786544
投稿与读者服务：	010-62776969，c-service@tup.tsinghua.edu.cn		
质　量　反　馈：	010-62772015，zhiliang@tup.tsinghua.edu.cn		
课　件　下　载：	http://www.tup.com.cn，010-83470236		

印　装　者：	北京博海升彩色印刷有限公司		
经　　销：	全国新华书店		
开　　本：	185mm×260mm	**印　张：** 13.25	**字　数：** 375千字
版　　次：	2022年5月第1版	**印　次：** 2022年5月第1次印刷	
定　　价：	99.00元		

产品编号：094004-01

前言
Preface

　　三维渲染图是电商主图、产品设计、建筑室内外设计、影视设计中极为常见的内容，无论是项目洽谈、竞标，还是项目验收，大多会用到三维渲染图，也正因为这样广泛的应用，使得三维制作越来越重要。单从经济方面来讲，三维制作的市场广阔、利润大、见效快，对于设计爱好者、设计单位等个人和团体来说，都是很有前景的业务方向。另一方面，随着市场的完善，竞争日趋激烈，无人能规避优胜劣汰的自然法则，只有不断更新技术，力求做得最好，才会在竞争中立于不败之地。

　　掌握最新的技术，制作出更好的效果，是本书的宗旨。令人欣喜的是，随着 Octane 等高级渲染器的出现，Cinema 4D 强大的功能得以更充分展现，它结合渲染器插件制作的效果图已很难让人用肉眼分辨真伪。Cinema 4D 在建模、光线、材质、渲染、动画等方面的长足进步也促进了三维渲染的蓬勃发展。

　　本书共分 11 章，第 1 章为 Cinema 4D 基础知识，让初学者对 Cinema 4D 能有一个总体的了解；第 2 章和第 3 章为基本操作，分别讲述了对象的选择和变换操作，以及场景文件的管理和界面定制；第 4 章和第 5 章为模型制作部分，讲解了基本物体和复杂模型的编辑制作以及变形器的用法；第 6 章到第 8 章为效果部分，分别讲述了灯光、材质、Octane 渲染器以及环境效果等内容；第 9 章为动画部分，讲述了关键帧动画、运动图形、效果器和动力学动画的创建；第 10 章和第 11 章为综合案例应用，讲述了运动图形动画制作和渲染。本书各章之间既有一定的连续性，又可作为完整、独立的章节学习或参考，书中精选的每个实例都有很强的针对性。

　　如果是初学三维建模的读者，建议从第 1 章开始学起，打好基础，后面才能事半功倍。如果是已经掌握初级建模技术的读者，则可以快速阅览前 3 章内容，熟悉软件的基本操作，然后直接进入后面章节中讲述的建模、灯光布置、材质制作和动画制作部分，熟练掌握不同模块的操作，以实现对 Cinema 4D 的高级应用。

　　本书最大的特色在于图文并茂，大量的界面截图都做了操作标示，力求让读者通过有限的篇幅，学习尽可能多的知识。基础部分采用参数讲解与实例应用相结合的方法，使读者明白参数含义的同时，能更快地活学活用。

　　软件的进步提升了三维渲染图的质量，但软件毕竟只是工具，只有操作软件的人能力全面提高，才能更好地提高图像的制作水平。三维渲染图是设计师思想的展现，所以图像制作者要懂产品设计、建筑装潢设计，还要具有一定的艺术修养和绘画基本功。因此，效果图制作者除了要熟练掌握电脑操作技术外，还要与时俱进地学习最新的设计理念，不断提高艺术鉴赏力，并且努力练习绘画基本功，只有这样才能不落人后。希望本书能对读者在制图效率、渲染效果和动画制作方面有所帮助和提升。

由于篇幅受限，本书不能将 Cinema 4D 的所有功能都纳入其中，为了弥补这一缺憾，作者录制了大量的视频讲解，基本囊括了 Cinema 4D 的主要功能，同时本书还提供了大量目前比较流行的案例，可供大家更好地学习和参考。具体配套资源如下：

- 视频教学 1：2000 分钟"Cinema 4D 基础建模、渲染、动画"视频教学。
- 视频教学 2：1000 分钟"Cinema 4D Octane 渲染"视频教学。
- 6.5GB 本书案例的工程文件及素材库。
- 20GB Octane 渲染器资源预置库。
- 教学 PPT 课件。

视频教学 1　　　　视频教学 2　　　　渲染器资源预置库　　　教学 PPT 课件

工程文件及素材库

由于时间仓促，书中疏漏之处在所难免，敬请广大读者朋友批评指正。

目录
Contents

第 ① 章 Cinema 4D 基础知识

1.1 Cinema 4D 的应用领域 …………… 002
  1.1.1 建筑行业的应用 …………… 002
  1.1.2 广告包装行业的应用 …………… 002
  1.1.3 影视行业的应用 …………… 002
  1.1.4 电影特效行业的应用 …………… 002
  1.1.5 游戏行业的应用 …………… 002
1.2 Cinema 4D R23 的新增功能 …………… 003
  1.2.1 新的角色动画工具 …………… 003
  1.2.2 外观集成 …………… 003
  1.2.3 动画工作流 …………… 003
  1.2.4 场景节点 …………… 003
1.3 Cinema 4D 的工作流程 …………… 004
  1.3.1 设置场景 …………… 004
  1.3.2 建立对象模型 …………… 004
  1.3.3 使用素材 …………… 004

1.3.4 放置灯光和摄影机 …………… 005
1.3.5 渲染场景 …………… 005
1.3.6 设置场景动画 …………… 005
1.4 认识 Cinema 4D 界面 …………… 005
  1.4.1 界面布局 …………… 005
  1.4.2 Cinema 4D 中物体的显示
      方式 …………… 010
1.5 Cinema 4D 的操作视图布局 …………… 012
  1.5.1 Cinema 4D 的视图设置 …………… 013
  1.5.2 Cinema 4D 的视图背景 …………… 014
  1.5.3 操作视图 …………… 015
  1.5.4 隐藏物体 …………… 016
  1.5.5 隐藏群组 …………… 016
  1.5.6 强制显示和强制渲染 …………… 017
  1.5.7 群组和取消群组 …………… 017

第 ② 章 对象的选择和变换

2.1 选择对象的基本知识 …………… 019
  2.1.1 按区域选择 …………… 019
  2.1.2 按名称选择 …………… 021
  2.1.3 使用设置选集 …………… 021
  2.1.4 使用选择过滤器 …………… 022
  2.1.5 孤立当前选择 …………… 023
2.2 变换命令 …………… 024
  2.2.1 选择并移动 …………… 024
  2.2.2 选择并旋转 …………… 024
  2.2.3 选择并缩放 …………… 024

2.3 变换坐标和坐标中心 …………… 025
  2.3.1 参考坐标系 …………… 025
  2.3.2 改变轴心点 …………… 025
  2.3.3 对齐轴心点 …………… 026
2.4 变换约束 …………… 027
  2.4.1 限制 X 轴 …………… 027
  2.4.2 限制 Y 轴 …………… 027
  2.4.3 限制 Z 轴 …………… 028
  2.4.4 限制两个轴 …………… 028
2.5 变换工具 …………… 028

2.5.1 对称工具 ┄┄┄┄┄┄ 028　　2.6 捕捉 ┄┄┄┄┄┄┄┄┄┄┄ 031
2.5.2 阵列工具 ┄┄┄┄┄┄ 029　　　 2.6.1 捕捉工具 ┄┄┄┄┄┄ 031
2.5.3 实例工具 ┄┄┄┄┄┄ 029　　　 2.6.2 捕捉类型 ┄┄┄┄┄┄ 031
2.5.4 晶格工具 ┄┄┄┄┄┄ 030

第 ③ 章　场景文件的管理和界面定制

3.1 保存工程（含资源） ┄┄┄ 034　　　 3.2.3 自定义界面颜色 ┄┄ 038
　　3.1.1 管理工程文件 ┄┄┄ 034　　3.3 层的管理 ┄┄┄┄┄┄┄┄ 038
　　3.1.2 打开多个工程文件 ┄ 034　　　 3.3.1 层管理界面 ┄┄┄┄ 038
　　3.1.3 保存工程（含资源） ┄ 035　　　 3.3.2 建立层 ┄┄┄┄┄┄ 039
3.2 自定义界面 ┄┄┄┄┄┄┄ 036　　　 3.3.3 层的管理 ┄┄┄┄┄ 040
　　3.2.1 自定义工具栏 ┄┄┄ 036　　　 3.3.4 材质的层管理 ┄┄┄ 042
　　3.2.2 自定义界面 ┄┄┄┄ 037

第 ④ 章　基本物体的创建

4.1 参数化对象 ┄┄┄┄┄┄┄ 045　　　 4.3.2 绘制线性和 NURBS 曲线 ┄ 052
　　4.1.1 创建切角宝石 ┄┄┄ 045　　4.4 点、线、面的编辑 ┄┄┄ 054
　　4.1.2 创建地形 ┄┄┄┄┄ 046　　　 4.4.1 顶点编辑工具 ┄┄┄ 054
　　4.1.3 创建沙发 ┄┄┄┄┄ 047　　　 4.4.2 边编辑工具 ┄┄┄┄ 055
4.2 参数化图形 ┄┄┄┄┄┄┄ 049　　　 4.4.3 多边形编辑工具 ┄┄ 056
　　4.2.1 绘制星形 ┄┄┄┄┄ 049　　4.5 NURBS 造型工具 ┄┄┄┄ 057
　　4.2.2 绘制螺旋 ┄┄┄┄┄ 050　　　 4.5.1 旋转工具 ┄┄┄┄┄ 057
　　4.2.3 绘制文字 ┄┄┄┄┄ 050　　　 4.5.2 布尔工具 ┄┄┄┄┄ 058
4.3 绘制曲线 ┄┄┄┄┄┄┄┄ 052　　　 4.5.3 放样工具 ┄┄┄┄┄ 059
　　4.3.1 曲线绘制工具 ┄┄┄ 052　　　 4.5.4 融球工具 ┄┄┄┄┄ 060

第 ⑤ 章　变形器和标签

5.1 变形工具组 ┄┄┄┄┄┄┄ 062　　　 5.2.3 斜切 ┄┄┄┄┄┄┄┄ 065
　　5.1.1 认识变形堆栈 ┄┄┄ 062　　　 5.2.4 锥化 ┄┄┄┄┄┄┄┄ 066
　　5.1.2 变形工具的应用 ┄┄ 062　　　 5.2.5 FDD ┄┄┄┄┄┄┄┄ 067
　　5.1.3 变形器堆栈的应用 ┄ 063　　　 5.2.6 网格 ┄┄┄┄┄┄┄┄ 069
5.2 常用变形器 ┄┄┄┄┄┄┄ 064　　　 5.2.7 融解 ┄┄┄┄┄┄┄┄ 069
　　5.2.1 扭曲 ┄┄┄┄┄┄┄ 064　　　 5.2.8 爆炸 ┄┄┄┄┄┄┄┄ 070
　　5.2.2 膨胀 ┄┄┄┄┄┄┄ 065　　　 5.2.9 爆炸 FX ┄┄┄┄┄┄ 071

5.2.10 样条约束 ——— 071
5.3 标签的用法 ——— 073
5.3.1 标签的操作 ——— 073
5.3.2 标签的分类 ——— 073

第 6 章 灯光和环境

6.1 真实光理论 ——— 075
6.2 自然光属性 ——— 076
6.3 建立灯光 ——— 077
  6.3.1 灯光 ——— 077
  6.3.2 聚光灯 ——— 080
  6.3.3 目标聚光灯 ——— 080
  6.3.4 区域光 ——— 081
6.4 灯光练习 ——— 082
  6.4.1 燃气灶火焰 ——— 082
  6.4.2 焦散效果 ——— 083
6.5 Octane 渲染器灯光 ——— 084
  6.5.1 玻璃物体布光 ——— 084
  6.5.2 电子产品布光 ——— 086
6.6 环境 ——— 088
  6.6.1 内置 HDRI 环境布光 ——— 088
  6.6.2 夜景环境布光 ——— 090
  6.6.3 迷雾效果 ——— 092
6.7 云雾效果 ——— 093
  6.7.1 粒子云朵 ——— 093
  6.7.2 Octane 体积云 ——— 095

第 7 章 材质

7.1 材质编辑器简介 ——— 098
  7.1.1 新建材质 ——— 098
  7.1.2 编辑材质 ——— 099
  7.1.3 渲染材质效果 ——— 100
7.2 贴图坐标 ——— 102
  7.2.1 材质球标签调节贴图坐标 ——— 102
  7.2.2 纹理模式调节贴图坐标 ——— 105
7.3 材质制作 ——— 106
  7.3.1 制作平板玻璃材质 ——— 106
  7.3.2 制作玻璃上的划痕 ——— 107
  7.3.3 制作裂纹陶瓷材质 ——— 109
  7.3.4 制作绸缎材质 ——— 110
  7.3.5 制作抱枕靠垫材质 ——— 111
  7.3.6 制作海水材质 ——— 112

第 8 章 Octane 渲染器

8.1 Octane 渲染器的特色 ——— 116
8.2 Octane 渲染器使用流程 ——— 119
8.3 Octane 材质制作 ——— 121
  8.3.1 制作钻石材质 ——— 121
  8.3.2 制作陶瓷材质 ——— 121
  8.3.3 制作蜂蜜材质 ——— 123
  8.3.4 制作镀膜玻璃材质 ——— 124
  8.3.5 制作防晒霜外包装材质 ——— 125
  8.3.6 制作青铜金属材质 ——— 127

第 9 章 动画制作

9.1 "动画"面板 130

9.2 关键帧动画 132

9.2.1 自动记录关键帧 132

9.2.2 手动记录关键帧 132

9.2.3 参数动画 133

9.2.4 动画曲线 134

9.2.5 摄影表 136

9.2.6 添加声音关键帧 137

9.2.7 复制粘贴动画轨迹 138

9.3 关键帧动画制作 139

9.3.1 路径动画 139

9.3.2 振动动画 140

9.4 运动图形 140

9.4.1 克隆 141

9.4.2 添加效果器 142

9.5 动力学 143

9.5.1 刚体动力学 143

9.5.2 柔体动力学 144

9.5.3 布料 145

9.5.4 毛发 147

9.6 动力学综合案例 148

9.6.1 用布料模拟一个枕头 148

9.6.2 制作气球捆绑 149

9.6.3 牙刷头毛刷 153

9.6.4 科技毛发效果 156

9.6.5 豹纹毛发效果 156

9.6.6 地毯毛发效果 158

第 10 章 综合案例应用——动力学动画

10.1 场景建模 161

10.1.1 制作小熊糖模型 161

10.1.2 制作星形糖果模型 165

10.1.3 制作糖罐模型 167

10.1.4 制作铲子模型 168

10.1.5 罐中糖果 175

10.2 材质制作 177

10.2.1 制作半透明糖果材质 177

10.2.2 制作背景贴图 179

10.3 灯光环境设置 180

10.3.1 HDRI 环境 180

10.3.2 设置灯光 181

10.4 动画设置 182

第 11 章 综合案例应用——小熊奶瓶

11.1 小熊奶瓶建模 186

11.1.1 制作瓶身 186

11.1.2 制作手柄 188

11.1.3 制作奶嘴 193

11.1.4 制作瓶盖 193

11.1.5 制作重力球吸管 197

11.2 场景渲染 198

11.2.1 总体渲染设置 198

11.2.2 窗帘材质设置 199

11.2.3 桌面大理石材质设置 200

11.2.4 瓶盖材质设置 201

11.2.5 塑料把手材质设置 202

11.2.6 玻璃镂空标签材质设置 203

第 1 章

Cinema 4D 基础知识

本章导读：

    Cinema 4D 自 1993 年诞生起就一直广受 3D 动画创作者的青睐，Cinema 4D 提供了十分友好的操作界面，使创作者可以很容易地制作出专业级别的三维图形和动画。在过去的几年中，Cinema 4D 软件得到了迅速的发展和完善，其应用领域也不断拓宽，可以毫不夸张地说，Cinema 4D 是世界上目前最优秀、使用最广泛的三维动画制作软件之一，其无比强大的建模功能、丰富多彩的动画技巧、直观简单的操作方式早已深入人心。Cinema 4D 已经广泛应用于电影特效、电视广告、工业造型、建筑艺术等领域，并且还在吸引着越来越多的动画制作者和三维领域专业人员学习与使用这款软件。本章我们将详细介绍 Cinema 4D 的基础知识。

知识点	学习目标			
	了解	理解	应用	实践
介绍 Cinema 4D 的应用领域	√			
介绍 Cinema 4D R23 的新增功能			√	√
Cinema 4D 的工作流程		√		
Cinema 4D 的界面学习		√		
Cinema 4D 中物体的显示方式			√	
Cinema 4D 的视图布局			√	√
隐藏冻结物体			√	√
群组和展开群组物体			√	√

1.1 Cinema 4D的应用领域

随着科技的发展，软件技术在不断进步，使得它们的应用领域得以拓展，Cinema 4D 同样如此。目前三维动画的分工越来越细，Cinema 4D 也在几个比较重要的制作行业得以广泛应用。

1.1.1 建筑行业的应用

在建筑行业，Cinema 4D 主要应用于建筑效果图的制作、建筑动画和虚拟现实技术。随着我国经济的发展，房地产行业持续升温，带动了其相关产业的发展。近年来，在一些大型的规划项目中也应用了虚拟现实技术，说明 Cinema 4D 在建筑行业中的应用也日趋完善了。图 1.1 所示为建筑效果的截图，是使用 Cinema 4D 实现的。

图 1.1

1.1.2 广告包装行业的应用

一个好的广告包装往往是创意和技术的完美结合，所以广告包装对三维软件的技术要求比较高，一般包括复杂的建模、角色动画和实景合成等多个方面。随着我国广告相关制度的健全和人们对产品品牌意识的提高，这一行业将有更加广阔的空间。图 1.2 所示为广告宣传片截图，这个广告的制作全部由 Cinema 4D 完成。

图 1.2

1.1.3 影视行业的应用

Cinema 4D 在影视行业的应用主要分为两个方面：电视片头动画和电视台的栏目包装。影视行业有其自身的特点，最主要的就是高效率，一般一个

完整的片子几天就必须完成，所以需要团队作业，最好前期策划到场景制作和后期一起合成。图 1.3 所示为优秀的电视栏目包装图。

图 1.3

1.1.4 电影特效行业的应用

近几年，三维动画和合成技术在电影特技中得到了广泛的应用，如热播的电影《大闹天宫》中就使用了大量的三维动画镜头，三维动画技术创造出了许多现实中无法实现的场景，而且也大大降低了制作成本。

目前，国内的电影业也是初显起色，国产电影《哪吒》《大圣归来》中就使用了大量的电脑特技，在效果上丝毫不逊色欧美大片，但是，国内整体技术还很滞后。

在制作电影特技方面，Maya、Houdini 做得比较好，但是随着 Cinema 4D 的不断升级，其功能上也不断向电影特技靠拢，在制作电影级的特效时也得到了广泛的应用。图 1.4 所示为电影《阿凡达》中制作的虚拟三维城市。

图 1.4

1.1.5 游戏行业的应用

Cinema 4D 在全球应用最广的就是游戏行业，游戏开发在美国、日本及韩国都是支柱性娱乐产业，相对来说国内开发游戏的公司要少一些，究其原因，一是国内相关制度不健全，二是国内缺少高级的游戏开发人员。

近年来，随着外来游戏的不断侵入，很多国内投资商也看到了这一商机，纷纷推出自己开发的游戏，在国内游戏市场也开始占据了一片天地，并且随着行业制度的不断完善，国内 CG 水平的提高，游戏产业很快就有了长足的发展。

游戏制作人员一般要有较好的美术功底，能熟练掌握低多边形建模、手绘贴图、程序开发、角色动画等多项技术，所以必须团队合作。目前，这一行业国内的技术人员缺口还很大，相信再过几年会有越来越多的人投身到这一行业。图 1.5 所示为网络游戏《征服》的女主角形象。

图 1.5

1.2　Cinema 4D R23的新增功能

新版 Cinema 4D R23 的欢迎界面下方有三个按钮，从左往右分别是"学习"按钮、"开始"按钮和"扩展"按钮。"学习"按钮中包含一些视频教程供大家学习使用；"开始"按钮中包含了新建场景和界面 UI 布局；"扩展"按钮中包含了一些插件的网站。这个欢迎界面无法自动关闭，每次打开 Cinema 4D 都会自动开启。

1.2.1　新的角色动画工具

包括新的角色求解器和 Delta Mush 工作流程，以及新的 Pose Manager 和 Toon / Face Rigs。Maxon 的下一代专业 3D 软件对其动画和 UV 工作流、角色动画工具集以及 Magic Bullet Looks 技术进行了强大的增强，如图 1.6 所示。

图 1.6

1.2.2　外观集成

Cinema 4D R23 可以轻松应用 200 多种预设胶片外观之一，导入 LUT，或使用单独的工具进行色彩校正、胶片颗粒、色差等，如图 1.7 所示。

图 1.7

1.2.3　动画工作流

动画工作流包括更好的关键帧控制、时间轴和属性管理器的过滤器等。UV 工作流包括 Cinema 4D S22 中引入的所有强大的 UV 编辑功能，以及适用于硬表面模型的 UV 工作流的新工具，如图 1.8 所示。

图 1.8

1.2.4　场景节点

场景节点允许用户在进一步开发 Cinema 4D 核心引擎之前探索大量的分布和过程模型，以实现最佳的创造力和实验，如图 1.9 所示。

图 1.9

1.3 Cinema 4D的工作流程

使用Cinema 4D之前需要先了解Cinema 4D的工作流程，Cinema 4D的工作流程一般分为6步，分别是设置场景、建立对象模型、使用素材、放置灯光和摄影机、渲染场景和设置场景动画。

Cinema 4D可以制作专业品质的CG模型、照片级的静态图像及电影品质的动画，如图1.10所示。

图 1.10

1.3.1 设置场景

首先打开Cinema 4D程序，如图1.11所示。然后通过设置语言、设置视图显示来建立一个场景。语言和视图显示的具体设置方法在本书后面的章节中会有详细讲述。

图 1.11

1.3.2 建立对象模型

建立模型首先是创建几何体对象，例如3D几何体或者2D物体，然后对这些物体添加变换，也可通过"移动""旋转"和"缩放"等方式将这些物体定位到场景中。如图1.12所示，为模型的建立过程。

图 1.12

1.3.3 使用素材

可以使用"材质编辑器"来制作材质和贴图，从而控制对象曲面的外观。贴图可以用来控制环境效果的外观，例如营造灯光、雾和背景效果。还可以通过应用贴图来控制曲面属性，例如制作纹理、凹凸度、不透明度和反射。另外还可以通过贴图增强材质的真实度，大多数基本属性都可以使用贴图进行增强。任何图像文件，例如在画图程序中（如Photoshop软件）创建的文件，都能作为贴图使用，或者可以根据设置的参数来选择创建图案的程序贴图。如图1.13所示，上图为一辆车的模型，下图为使用材质后的效果。

图 1.13

1.3.4 放置灯光和摄影机

默认照明均匀地为整个场景提供照明，建模时此类照明很有用，但缺少美感和真实感，如果想在场景中获得更加真实的照明效果，可以创建和放置灯光。

还可以创建和放置摄影机，摄影机定义用来渲染的视图，还可以通过设置摄影机动画来产生电影的效果。如图 1.14 所示，左图为灯光和摄影机建立图示，右图是在摄影机视角渲染好的场景。

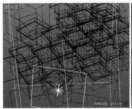

图 1.14

1.3.5 渲染场景

渲染是将颜色、阴影、照明效果等加入到几何体中，如图 1.15 所示。用户可以设置最终输出的大小和质量，可以完全控制专业级别的电影和视频属性以及效果，例如反射、抗锯齿、阴影属性和运动模糊等。

图 1.15

1.3.6 设置场景动画

可以对场景中的几乎任何物体进行动画设置。单击"自动关键帧"按钮 ⊙ 来启用自动创建动画，拖动时间滑块，并在场景中做出更改来创建动画效果。可以打开"时间线"窗口更改"运动曲线"来编辑动画。"时间线"窗口就像一张电子表格，它沿时间线显示动画关键点，更改这些关键点可以编辑动画效果。

1.4 认识Cinema 4D界面

Cinema 4D 的界面主要包括主菜单栏、工具栏、对象面板、材质编辑器、视图、参数控制区、时间线和视图控制区 8 个区域。

1.4.1 界面布局

Cinema 4D 的主菜单栏，如图 1.16 所示。主菜单栏中包含"文件""渲染"及"动画"等多个子菜单。关于子菜单功能的具体应用，在后面章节涉及相关内容时会有详细介绍。

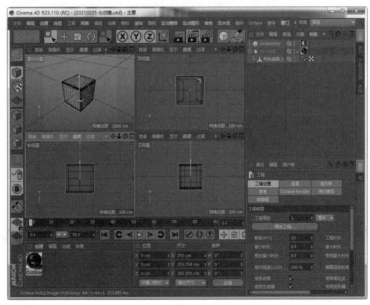

图 1.16

Cinema 4D 的工具栏，如图 1.17 所示。工具栏中包含了很多常用工具按钮，有些工具按钮的右下角带有小三角标识，表示该按钮为工具集合，在该按钮上按住鼠标左键不放，即可展开集合查看该按钮中包含的所有工具。

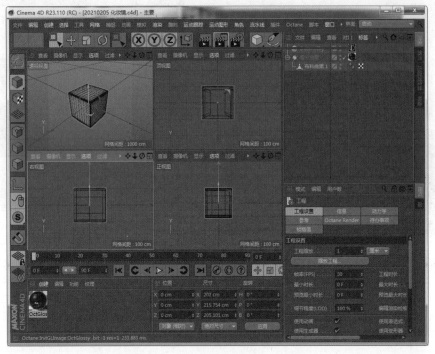

图 1.17

在主菜单栏空白处右击，在快捷菜单中选择"全屏模式可见"选项，可以将隐藏的一些工具面板打开，如图 1.18 所示。

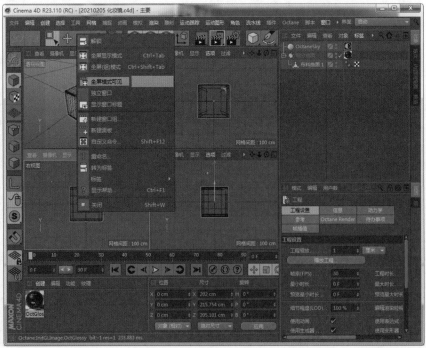

图 1.18

　　界面右上方是"对象"面板，如图1.19所示。"对象"面板主要以层级方式显示场景中的对象，可以进行选择和编辑操作，这是一种全新的场景编辑方式。

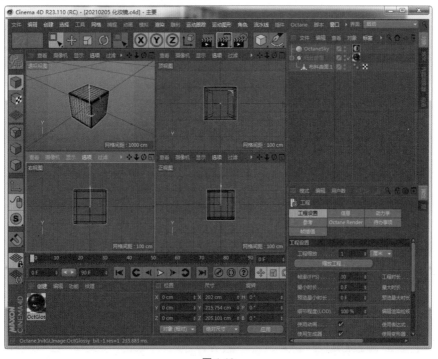

图 1.19

　　界面正中央是视图区，如图1.20所示。视图区是它要的工作区域，可以划分成不同的视图方式或者进行不同方式的视图大小比例的定位。

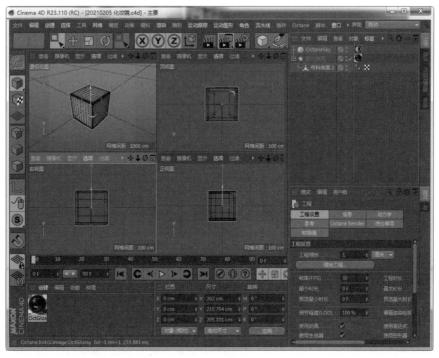

图 1.20

视图下方是时间线区域，如图 1.21 所示。可以在这里编辑关键帧和创建动画，控制动画帧数和改变时间线的编辑模式。

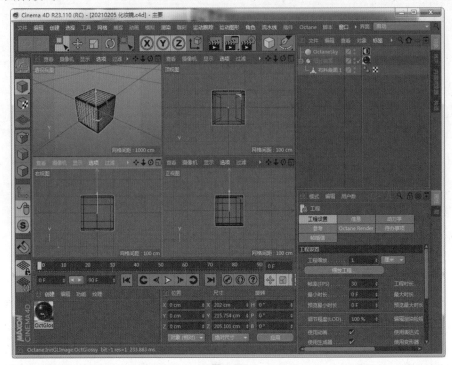

图 1.21

界面右下方是参数控制区，如图 1.22 所示。在场景中选择一个对象后，该对象的所有参数将在这里展现并进行属性编辑。

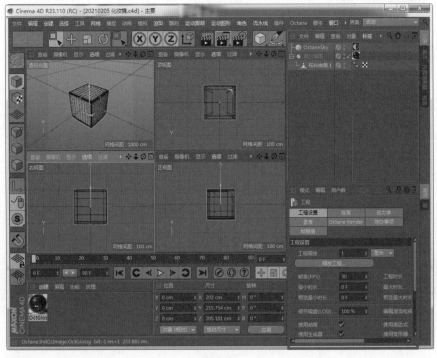

图 1.22

界面左下方是材质编辑器，如图 1.23 所示。在这里可以编辑材质属性和贴图，对材质球进行分类和命名等操作。

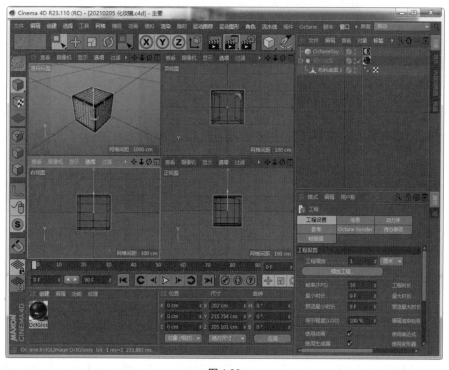

图 1.23

用户可以对界面布局进行重新调整，拖动区域左上角的■标识，即可随意移动相应的区域面板，如图 1.24 所示。

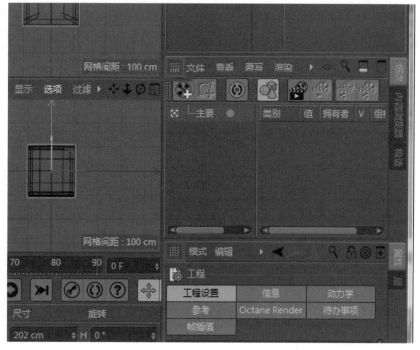

图 1.24

视图窗口的右上角有四个小标志，是控制视图的按钮，如图 1.25 所示，可以对视图进行平移、缩小 / 放大、旋转和最大化 / 最小化操作。

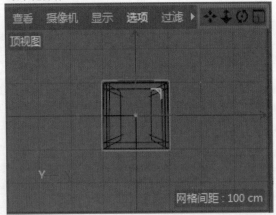

图 1.25

1.4.2 Cinema 4D 中物体的显示方式

模型在视图中有不同的显示方式，可以根据不同的显示方式进行不同的操作，在缺省的情况下模型是以实体显示的。

除了界面的主菜单外，每个视图窗口的上方都有自己的视图菜单，可以控制物体的显示方式，如图 1.26 所示。

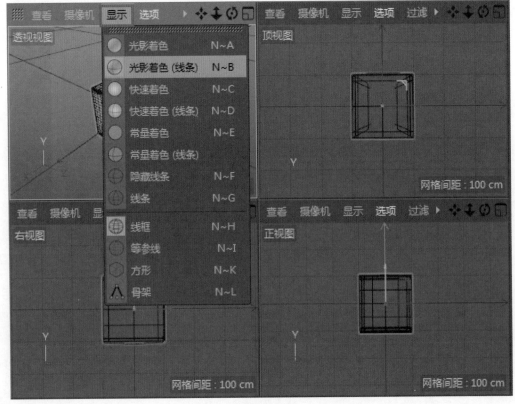

图 1.26

"光影着色"方式，即真实的显示方式，可以在视图中看到物体明暗的显示面以及灯光效果，如图1.27所示。

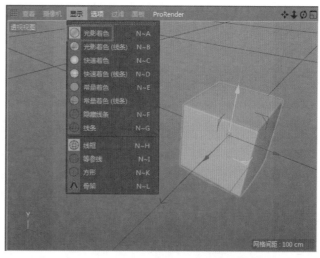

图 1.27

可以尝试选择不同的个性化显示方式，如图1.28所示为"光影着色（线条）"显示方式。

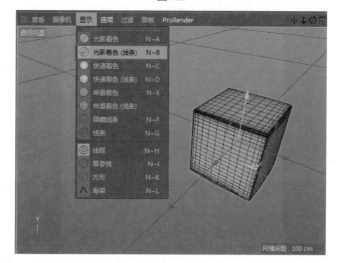

图 1.28

"线条"是较常用的显示方式之一，在物体显示的基础上以全部的线框形式显示，但必须与"线框"模式一起使用，如图1.29所示。

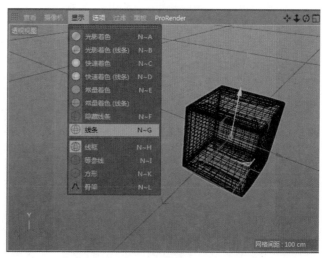

图 1.29

"等参线"显示方式,如图 1.30 所示。模型以它本身网格线框的简化形式显示(此时不显示全部线条)。

在"光影着色(线条)"显示方式打开时❶,还可以打开"等参线"显示方式❷,如图 1.31 所示。这样模型既能显示出平滑的阴影面,又能显示出模型的简化结构效果,这也是较常用的显示方式。

在"光影着色(线条)"显示方式打开的时候❶,还可以打开"方形"辅助显示方式❷,如图 1.32 所示。这样的显示方式比较适合大型的场景,能够加快视图的显示速度。

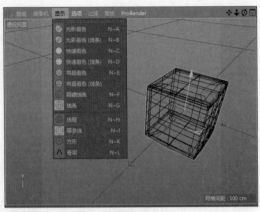

图 1.30

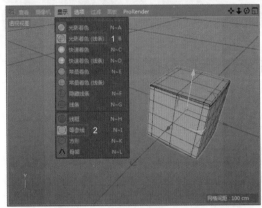

图 1.31

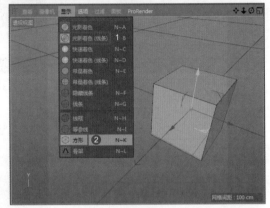

图 1.32

1.5　Cinema 4D的操作视图布局

在默认的 Cinema 4D 显示界面中是四视图布局方式,四个视图是均匀划分的,并且默认情况下左上角是它的当前属性标志。

四个常用视图分别为透视视图、顶视图、右视图和正视图,如图 1.33 所示。

其他视图的操作,具体的操作方法是选择要更改的视图,然后单击该视图窗口上方的"摄像机"菜单,在弹出的菜单列表中选择要更换的视图选项即可,如图 1.34 所示。

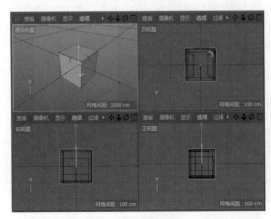

图 1.33

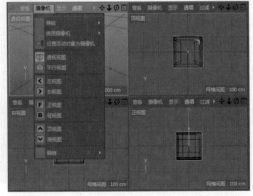

图 1.34

1.5.1 Cinema 4D 的视图设置

按Shift+V快捷键可打开视图设置面板,"显示"页面可设置物体的显示方式等,如图 1.35 所示。

图 1.35

"过滤"页面可设置场景中哪些元素显示,哪些元素不显示,这样可以优化视图,避免视图过于复杂,影响正常操作,如图 1.36 所示。

图 1.36

"查看"页面可设置视图的安全框、范围框以及边界,安全范围主要用于摄像机视图渲染,如图1.37 所示。

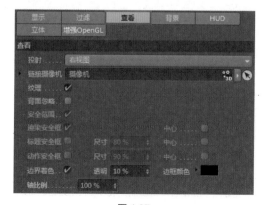

图 1.37

"背景"页面可以在视图中设置背景参考图片,背景图片可以方便建模参考,如图 1.38 所示。

图 1.38

"HUD"页面可以在视图中设置参考数据,如当前模型的面数、当前所选的点数等,如图 1.39 所示。

图 1.39

最后是"立体"页面和"增强 OpenGL"页面,这两个页面分别可以设置立体模式和硬件加速模式,如图 1.40 所示。

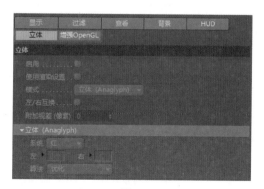

图 1.40

1.5.2　Cinema 4D 的视图背景

视图背景的作用是在当前窗口区域可以将图像引入作为制作的参考图像，下面详细讲述如何将准备好的图片作为视图背景显示。

1　选择一个要添加背景图片的视图，按 Shift+V 快捷键打开视图设置面板，切换到"背景"页面，如图 1.41 所示。

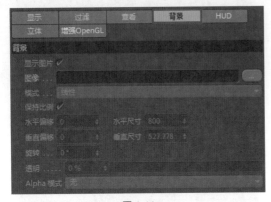

图 1.41

2　单击"图像"选项右侧的■按钮，在弹出的"打开文件"对话框中根据路径选择图片，然后单击"打开"按钮即可，如图 1.42 所示。

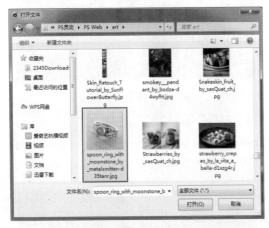

图 1.42

除了上述为视图添加背景图片的方法外，也可以用拖放的方法更改视图背景。在"资源管理器"窗口直接选择一张图片，将其拖到视图中即可，但是如果要对图片进行缩放和平移，还得进入"背景"页面设置。

此时所选的视图中背景发生了变化，图片已经在视图中显示出来，如图 1.43 所示。

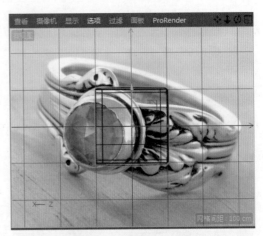

图 1.43

还可以对图片的显示进行透明度设置，拖动"透明"滑块即可调整图片透明度，如图 1.44 所示。

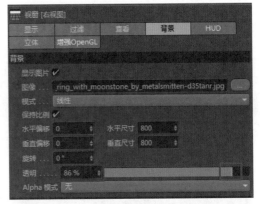

图 1.44

也可以对图片进行大小和位移参数的调整，调整后的效果如图 1.45 所示。

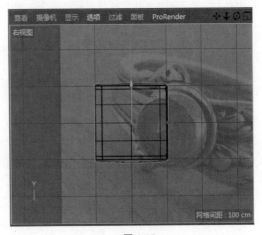

图 1.45

1.5.3 操作视图

操作视图主要是通过右上角的视图操作工具来进行的,根据视图的内容不同,它的内容也会发生相应的变化,如图1.46所示。

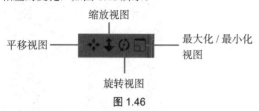

图1.46

缩放视图。在视图窗口的⬇按钮上按住鼠标左键并拖动,可以调整视图物体的大小(仅改变视角的远近,不改变物体本身的尺寸),如图1.47所示。

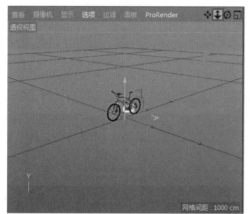

图1.47

缩放的快捷键是Alt+鼠标右键并拖动,或直接使用鼠标中键滚轮,上下滚动中键滚轮也可以达到与拖动⬇按钮相同的效果。

平移视图。在视图窗口的✛按钮上按住鼠标左键并拖动,可以平移视图物体的位置(只是视角的平移,并没有改变物体本身的位置),如图1.48所示。平移视图的快捷键是Alt+鼠标中键。

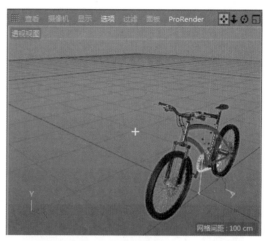

图1.48

旋转视图。在视图窗口的⊙按钮上按住鼠标左键并拖动,可以旋转物体的显示角度(只是视角的旋转,没改变物体本身的角度),如图1.49所示。旋转视图⊙的快捷键是Alt+鼠标左键并拖动。

图1.49

最大化/最小化视图。单击▢按钮,可以将该视图最大化或最小化显示,如图1.50所示。该功能的快捷键是单击鼠标中键。

图1.50

物体最大化显示的快捷键是O或S。建议大家尽量使用快捷键进行视图操作,形成肌肉记忆,可以大幅度提高工作效率。

1.5.4 隐藏物体

在场景复杂的情况下，需要对物体进行隐藏（而不是删除），这样可以避免对物体进行错误操作。

在 Cinema 4D 中，隐藏物体可以在"对象"面板中实现，如图 1.51 所示。

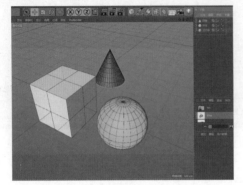

图 1.51

隐藏选择对象，就是将选中的视图中的物体隐藏。如选择球体，单击两次"对象"面板"球体"名称后上方的灰色小圆点，当上方的圆点变红色时❶，球体被隐藏❷，如图 1.52 所示。

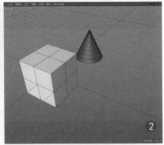

图 1.52

单击工具栏中的"渲染活动视图"按钮，可以看到此时虽然在视图中隐藏了绿色球体，但该球体依然可以被渲染，只是在视图显示中隐藏了球体，如图 1.53 所示。

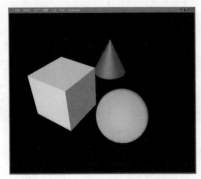

图 1.53

单击两次"立方体"名称后下方的灰色小圆点，当下方的圆点变为红色时❶，立方体被冻结渲染❷，如图 1.54 所示。

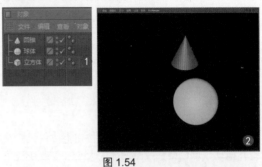

图 1.54

1.5.5 隐藏群组

在 Cinema 4D 中，可以将场景中的物体进行群组，然后对群组物体进行隐藏。

在"对象"面板中框选所有物体，按 Alt+G 快捷键，即可对物体进行群组，如图 1.55 所示。

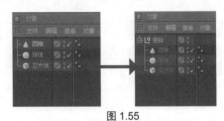

图 1.55

隐藏群组。单击两次"空白"群组名称后上方的灰色小圆点，当上方的圆点变为红色时❶，该群组被隐藏，视图中的整组物体全部隐藏❷，如图 1.56 所示。

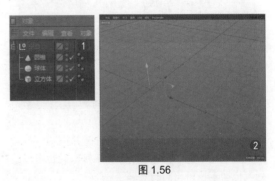

图 1.56

单击两次"空白"群组名称后下方的灰色小圆点，当下方的圆点变为红色时，整组物体被冻结渲染。此时物体和群组的操作是一样的。

1.5.6 强制显示和强制渲染

通过前面两个例子我们知道，单个物体或群组是可以隐藏和冻结渲染的。而如果将灰色小圆点单击成绿色，则会强制显示或强制渲染。

当"空白"群组名称后上方的灰色小圆点变为红色时❶，该群组被隐藏，视图中的整组物体全部隐藏❷，如图1.57所示。

图 1.57

将"立方体"名称后面上方的灰色小圆点单击成绿色时❶，视图将强制显示立方体❷，如图1.58所示。

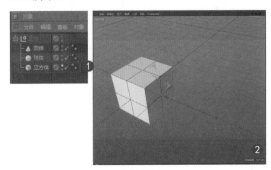

图 1.58

如果将"空白"群组名称后面下方的灰色小圆点单击成红色时❶，则会冻结整组渲染❷，如图1.59所示。

图 1.59

将"立方体"名称后面下方的灰色小圆点单击成绿色，该立方体将强制渲染，而组内其他两个物体仍然被冻结渲染。

按住Ctrl键的同时单击"空白"群组名称后方的小圆点，可以看到整组物体的小圆点同时被改变颜色，如图1.60所示。

按住Alt键的同时单击"空白"群组名称后方的小圆点，可以看到代表隐藏和渲染的上下两个小圆点同时被改变颜色，如图1.61所示。

图 1.60　　　　　　　图 1.61

用户要充分理解红色圆点和绿色圆点的含义，以便熟练操作视图中物体的显示、隐藏和渲染。

1.5.7 群组和取消群组

选择要群组的物体后右击，弹出快捷菜单，对应的菜单命令是"群组对象"和"展开群组"，如图1.62所示。"展开群组"命令相当于"群组对象"命令的反向操作。

图 1.62

用拖曳的方式也可以使物体脱离群组。在群组中选择"球体"，将其拖到"空白"群组之外的区域，即可让球体脱离群组，如图1.63所示。

图 1.63

此时可以看到"空白"群组中只剩圆锥和立方体两个物体，球体则脱离在群组之外了。也可以将球体重新拖回到群组中，大家可以试着操作，以便熟练掌握群组的功能，为后面进行复杂场景操作打好基础。

第 ② 章

对象的选择和变换

本章导读:

    Cinema 4D 中的大多数操作都是针对场景中选定对象执行的,因此首先要在视图中选择对象,然后才能对该对象应用各种命令。本章将重点介绍对象的选择和变换操作,这些操作是建模和设置动画的基础,需要大家熟练掌握。

知识点	学习目标			
	了解	理解	应用	实践
区域选择的操作			✓	✓
名称选择的操作			✓	✓
命名选择集的用法			✓	✓
使用过滤器的方法	✓		✓	✓
孤立选择的操作			✓	
变换坐标和坐标中心的操作	✓	✓	✓	
变换约束的操作	✓	✓		✓
变换工具的操作	✓	✓	✓	
对齐工具的操作	✓	✓	✓	
捕捉工具的操作			✓	✓

2.1　选择对象的基本知识

在 Cinema 4D 中，需要先选择对象，然后才能对该对象执行各种操作。最基本的选择操作是使用鼠标选择，或者鼠标与键盘配合使用来选择。

如图 2.1 所示是在物体不同的显示方式下对物体进行选择的效果。

图 2.1

选择对象的方法一般有三种：一是单击工具栏中的 按钮进行选择，二是使用移动、旋转或缩放工具进行选择，三是在"对象"面板中根据对象名称进行选择。在任何视图中，当光标位于可选择对象上时，对象周围轮廓会高亮显示。对象被选择后，显示效果取决于对象的类型以及视图中的显示模式。大多数情况下对象的边界框会高亮显示。

2.1.1　按区域选择

借助区域选择工具，使用鼠标即可通过轮廓或区域选择一个或多个对象。如果在指定区域时按住 Shift 键，则选择的对象将被添加到当前选择中（加选）。反之，如果在指定区域时按住 Ctrl 键，则选择的对象将从当前选择中移除（减选）。

按区域选择，主要包括四方面的内容，即"实时选择""框选""套索选择"和"多边形选择"，如图 2.2 所示。

图 2.2

实时选择。具体操作方法是先单击 按钮，然后在视图中单击或拖动❶，最后释放鼠标❷。要取消该选择，右击，在快捷菜单中选择"撤销"即可。选择的区域范围取决于笔头的大小，如图 2.3 所示。

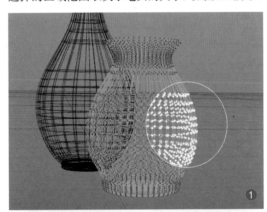

图 2.3

要改变笔头的大小，按住 Shift 键的同时上下左右拖动鼠标中键，即可实时改变笔头尺寸❶。也可在界面右下角的参数面板中修改❷，如图 2.4 所示。

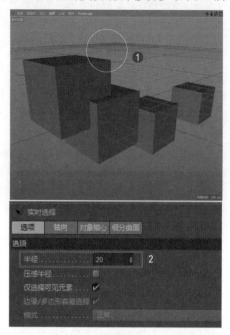

图 2.4

框选。单击 按钮，在视图中拖动鼠标进行框选，矩形选框范围内的对象将被选中❶。在参数面板勾选"容差选择"复选框❷，则矩形框划过的对象都会被选中，无须全部框住对象，如图 2.5 所示。

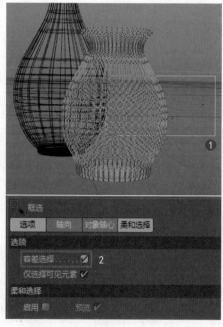

图 2.5

套索选择。单击 按钮，可对对象进行套索选择❶，只要鼠标划过的区域都会被选择❷，这是一种比较随意的圈选方式，如图 2.6 所示。

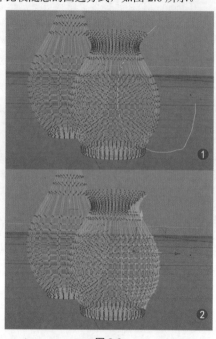

图 2.6

多边形选择。单击 按钮，可对对象进行多边形选择，通过多次单击进行围栏式框选❶。要结束多边形围栏式框选，必须让围栏终点与起点重合❷，如图 2.7 所示。

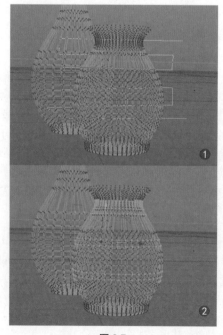

图 2.7

2.1.2　按名称选择

　　按名称选择，可以在界面右侧的"对象"面板中按对象的指定名称选择对象，从而完全避免了鼠标的单击操作。在物体比较多的场景中，按名称选择用得比较多。

1 打开一个 Cinema 4D 实例场景，如图 2.8 所示。场景中有很多堆砌的物体，用鼠标选择的时候很可能会发生选择错误。

图 2.8

2 在"对象"面板中可以看到物体的名称，要选择球体，选择"球体"名称即可，被选择的"球体"名称会高亮显示，如图 2.9 所示。

3 可以配合 Shift 键进行整列加选，也可以配合 Ctrl 键进行单个加选或减选，如图 2.10 所示。

图 2.9　　　　　图 2.10

2.1.3　使用设置选集

　　使用"设置选集"可以为当前选择指定名称，随后通过从列表中选取其选集名称来重新选择这些对象。下面通过一个实例说明设置选集是如何操作的。

1 场景中有一个锥体，进入它的点模式，选择锥体上半部分的点，如图 2.11 所示。

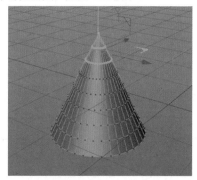

图 2.11

2 执行"选择" > "设置选集"命令**1**，此时"对象"面板中圆锥的后面出现了 ※ 标识**2**，如图 2.12 所示。

图 2.12

3 选择 ※ 标识，在参数面板中可以更改该标识的名称，当取消选择时，可以随时双击■标识找回刚才的点选择状态，如图 2.13 所示。

图 2.13

2.1.4 使用选择过滤器

场景中的物体种类非常多，如果想分类选择场景中的物体，可以使用选择过滤器来方便操作。单击视图窗口的"过滤"菜单，在展开的列表中有多种类型可以勾选，如图 2.14 所示。

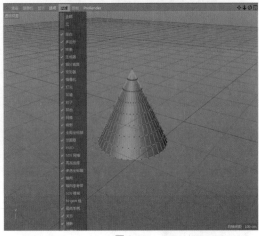

图 2.14

当取消勾选某个类型的复选框时，该类型即不会在视图中显示，注意这不是将该类型删除，仅仅是不显示该类型而已。

1 打开一个实例场景，在该场景中有灯光、多边形和效果器 3 种对象，如图 2.15 所示。

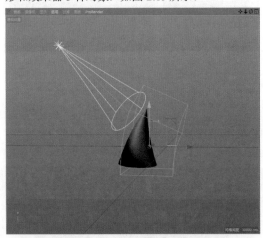

图 2.15

2 单击视图窗口中的"过滤"菜单，取消"多边形"类型的勾选❶，可以看到场景中的圆锥体没有显示❷，如图 2.16 所示。

3 单击视图窗口中的"过滤"菜单，恢复"多边形"类型的勾选❶，取消"灯光"类型的勾选❷，可以看到场景中图锥体重新显示，而灯光没有显示在视图中❸，如图 2.17 所示。

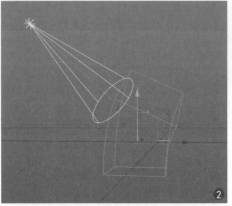

图 2.16

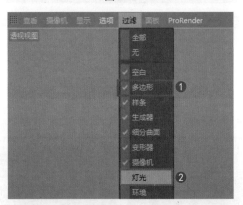

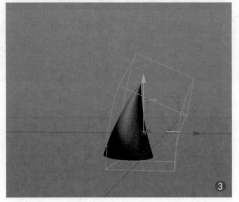

图 2.17

2.1.5 孤立当前选择

在界面左边的工具栏中单击，"视窗单体独显"按钮 S，可以对当前选择对象进行独显，如图 2.18 所示。

图 2.18

独显对象有助于编辑单一对象或一组对象，可以防止在处理选定对象时误选其他对象。独显还有一个好处就是可以让用户专注于需要看到的对象，避免被周围环境分散注意力。同时也可以减缓因在视图中显示其他对象而造成的系统显示过慢的情况。

1. 创建一个实例场景，如图 2.19 所示。场景中有几个器皿和一个桌面，物体比较复杂，要选择咖啡杯模型进行单独操作，这个时候就需要用到"视窗单体独显"工具 S 了。

图 2.19

2. 选择咖啡杯模型，单击"视窗单体独显"按钮 S 1，对被选择物体进行独显 2，如图 2.20 所示。

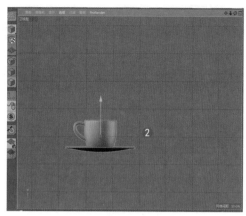

图 2.20

3. 此时咖啡杯被单独显示。要想取消物体单独显示，只需单击"关闭视窗独显"按钮 S 即可，如图 2.21 所示。

图 2.21

4. 也可以对一组物体进行独显，在视图中选择一个组 1，单击工具栏中的"视窗层级独显"按钮 S 2，该组中的所有物体都将被独显，如图 2.22 所示。

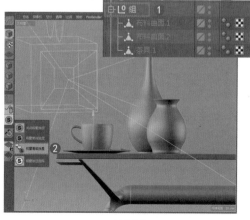

图 2.22

2.2 变换命令

基本的变换命令是更改对象的位置、旋转或缩放的最直接方式，这些命令按钮，位于默认的主工具栏中，在菜单栏的"工具"菜单列表中也提供了这些命令。

2.2.1 选择并移动

单击"移动"按钮，在视图中即可选择并移动对象。要移动单个对象，当该按钮处于活动状态时，单击对象进行选择，按住左键拖动鼠标即可移动该对象，如图 2.23 所示。

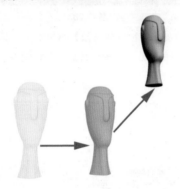

图 2.23

2.2.2 选择并旋转

单击"旋转"按钮，在视图中即可选择并旋转对象。要旋转单个对象，当该按钮处于活动状态时，单击对象进行选择，按住左键拖动鼠标即可旋转该对象。围绕一个轴旋转对象时，不要旋转鼠标指针以期望对象按照鼠标运动来旋转，只要直上直下地移动鼠标指针即可。朝上旋转对象与朝下旋转对象方式相反，如图 2.24 所示。

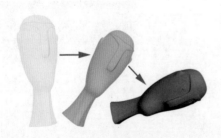

图 2.24

2.2.3 选择并缩放

选择并缩放有两种缩放方式，一种是等比缩放，一种是非等比缩放（以不同轴向进行缩放）。

1 选择并等比缩放。选择一个对象，然后单击"缩放"按钮，可以看到对象上出现了红、绿、蓝三个轴向（红色为 X 轴，绿色为 Y 轴，蓝色为 Z 轴），如图 2.25 所示。

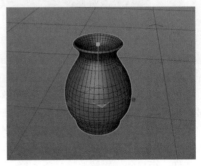

图 2.25

2 在轴向之外的空白区域按住鼠标左键不放，此时三个轴向都变为黄色，按住左键拖动鼠标可以等比例进行对象缩放，如图 2.26 所示。

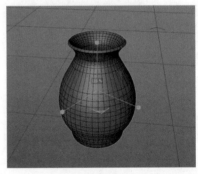

图 2.26

3 选择某一个轴向，该轴向变为黄色，按住左键拖动鼠标可以非等比例缩放对象，如图 2.27 所示。

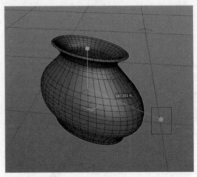

图 2.27

2.3 变换坐标和坐标中心

变换坐标和坐标中心是用于设置坐标系的控件，可以设置对象坐标或全局坐标，也可以改变轴心，并对轴心点进行对齐设置等。

2.3.1 参考坐标系

单击"坐标系统"按钮，可以指定变换（移动、旋转和缩放）所用的坐标系，包括对象坐标和全局坐标，如图2.28所示。

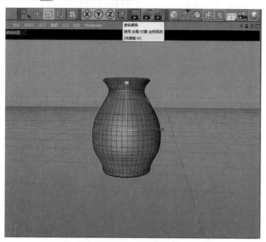

图2.28

对象坐标：使用对象自身的透视坐标，X轴、Y轴和Z轴都使用对象本身内置的坐标轴。

新建一个实例场景，建立一个立方体，对其进行旋转，可以看到立方体的轴向随着物体自身进行旋转，如图2.29所示。

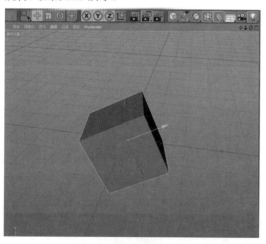

图2.29

全局坐标：将活动视图屏幕用作坐标系。无论怎么旋转物体对象，坐标始终不变，如图2.30所示。在正视图中会发现视图坐标系有以下3个特点：X轴始终朝右；Y轴始终朝上；Z轴始终垂直于屏幕指向前方。

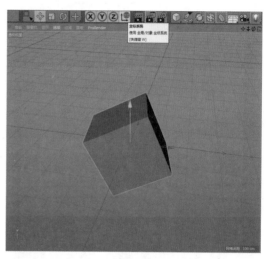

图2.30

2.3.2 改变轴心点

1 用户可以设置物体对象的轴心点，激活"启用轴心"按钮1，然后用移动工具或旋转工具对轴心进行操作2，如图2.31所示。

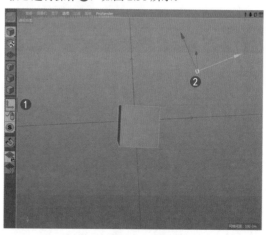

图2.31

2 改变对象的轴心后，单击按钮，"启用轴心"修改模式关闭，此时如果进行旋转或缩放，物体将根据新的轴心产生变化。

2.3.3　对齐轴心点

　　用户也可以对组进行轴心设定，让多个子物体跟随父物体的轴心进行变化。

① 新建另外两个物体（球体和圆柱体），让这两个物体成为立方体的子物体，如图 2.32 所示。

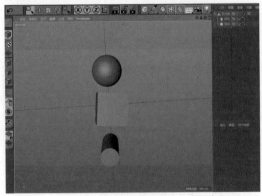

图 2.32

② 选择立方体进行旋转，子物体将跟随立方体共用立方体的轴向进行变化，如图 2.33 所示。

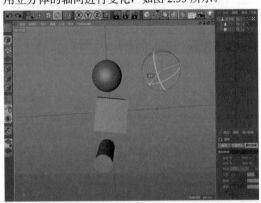

图 2.33

③ 执行"网格">"轴心">"轴对齐"命令，打开"轴对齐"对话框，设置相关选项，让立方体的轴心重新回到物体中心，如图 2.34 所示。

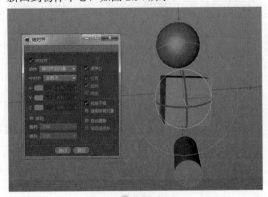

图 2.34

④ 现在想让球体、圆柱体与立方体的坐标系统相同，需要两步操作，首先选择球体和圆柱体，将它们拖到立方体上，使它们成为父子关系，如图 2.35 所示。

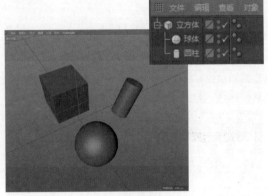

图 2.35

⑤ 选择球体，在下方的坐标参数页板中可以看到，球体的坐标因为其成为立方体的子物体，已经变成了立方体的坐标，如图 2.36 所示。

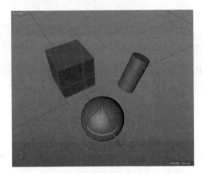

图 2.36

⑥ 将 X、Y、Z 的"位置"输入为 0，单击"应用"按钮，可以看到球体已经移动到立方体的位置处，两个物体的位置完全对齐了，如图 2.37 所示。

图 2.37

7▶对齐圆柱体。首先选择圆柱体，在下方的坐标参数面板中可以看到，圆柱体的坐标因为其成为立方体的子物体已经变成了立方体的坐标，如图2.38所示。

图2.38

8▶将X、Y、Z的"位置"和"旋转"角度都输入为0，单击"应用"按钮，此时可以看到圆柱体也移动到立方体的位置处，两个物体的位置和角度完全对齐了，如图2.39所示。

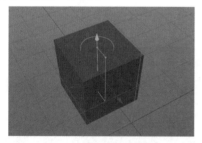

图2.39

9▶对齐操作完成后，可以将父子层级关系解除（将球体和圆柱体拖到立方体之外即可解除层级关系），如图2.40所示。

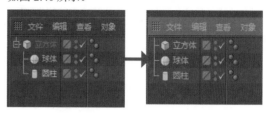

图2.40

10▶此时可以看到，每个物体都有了与立方体一样的位置参数，这就是对齐轴心点，如图2.41所示。

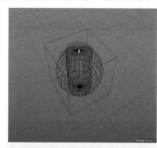

图2.41

2.4 变换约束

变换约束就是将X轴、Y轴或Z轴的轴向进行锁定，在变换操作时关闭该轴的参数变化。例如在缩放物体时关闭了X轴，整体缩放时就会只进行Y轴和Z轴两个轴向的变化。

2.4.1 限制X轴

限制X轴**X** Y Z。关闭"限制X轴"可以将所有变换（移动、旋转、缩放）的X轴变化锁定。分别单击"移动"按钮和"限制X轴"按钮，将只能在X轴以外的轴向上移动对象，如图2.42所示。

图2.42

2.4.2 限制Y轴

限制Y轴X **Y** Z。关闭"限制Y轴"可以将所有变换（移动、旋转、缩放）的Y轴变化锁定。分别单击"移动"按钮和"限制Y轴"按钮时，将只能在Y轴以外的轴向上移动对象，如图2.43所示。

图2.43

2.4.3　限制 Z 轴

限制 Z 轴 ⊗ⓎZ。关闭"限制 Z 轴"可以将所有变换（移动、旋转、缩放）的 Z 轴变化锁定。分别单击"移动"按钮和"限制 Z 轴"按钮时，将只能在 Z 轴以外的轴向上移动对象，如图 2.44 所示。

图 2.44

2.4.4　限制两个轴

限制两个轴 X Y Z。关闭任意两个轴可以将所有变换（移动、旋转、缩放）的这两个轴变化锁定。分别单击"移动"按钮和限制的两个轴向按钮时，将只能在这两个轴以外的轴向上移动对象，如图 2.45 所示。

图 2.45

2.5　变换工具

变换工具可以根据特定条件变换对象，这类工具是操作中比较常用的工具类型之一，常用的变换工具包括对称、阵列、实例、晶格、融球等。

2.5.1　对称工具

使用"对称"可以将物体以轴向进行镜像操作，不同的轴向选择可以得到不同的对称效果，如图 2.46 所示。

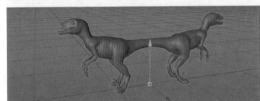

图 2.46

1️⃣打开场景文件，选择恐龙物体，按住 Ctrl 键的同时选择工具栏中的"对称"工具 🌓（也可以选择"对称"工具后，在"对象"面板中将恐龙拖到"对称"工具下方，使其成为"对称"工具的子物体），如图 2.47 所示。

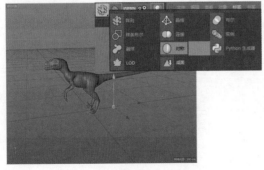

图 2.47

2️⃣在参数面板中设置恐龙对称的轴向，如图 2.48 所示。

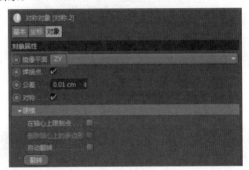

图 2.48

3️⃣可以调整恐龙的轴向到尾部，此时恐龙以 ZY 轴向进行镜像对称，如图 2.49 所示。

图 2.49

注意：在 Cinema 4D 中，绿色工具都要成为父级物体才能起作用。

2.5.2 阵列工具

使用"阵列"工具◈可以基于当前选择对象进行阵列复制。使用阵列维度可以创建一维、二维和三维阵列，物体的阵列效果如图 2.50 所示。

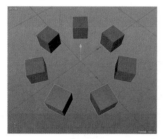

图 2.50

① 新建一个立方体❶，按住 Ctrl 键的同时在工具栏中选择"阵列"工具◈❷，如图 2.51 所示。

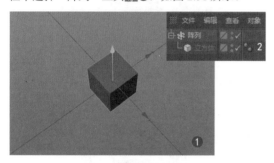

图 2.51

② 在参数面板中设置阵列参数，如图 2.52 所示。

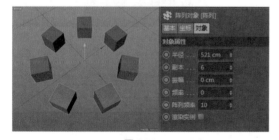

图 2.52

③ 改变立方体的尺寸可以得到不同的阵列效果，如图 2.53 所示。

图 2.53

④ 通过修改阵列的"副本"参数可以得到更多数量的阵列，如图 2.54 所示。

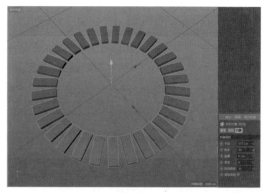

图 2.54

⑤ 通过修改阵列的"振幅"和"频率"参数可以得到更加多样的阵列效果，如图 2.55 所示。

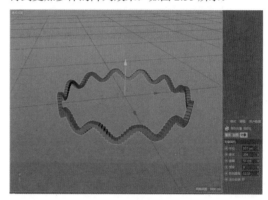

图 2.55

2.5.3 实例工具

使用"实例"工具◈可以让场景中的物体以实例的形式存在于场景中，而这个实例占空间和内存小，可以大量复制，适合制作众多重复的内容。

① 在场景中建立一个角锥物体，如图 2.56 所示。

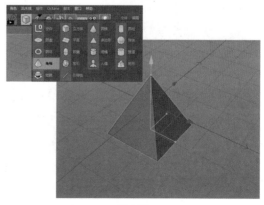

图 2.56

② 在场景中建立一个实例物体❶。将角锥拖到实例参数面板的"参考对象"栏中❷，如图 2.57 所示。

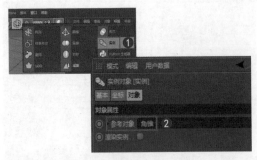

图 2.57

③ 此时实例物体变成了角锥，移动实例物体，将其位置从重叠的角锥上移开。复制两个实例❶，并移开，此时场景中有 4 个角锥❷，其中 3 个是实例物体，如图 2.58 所示。

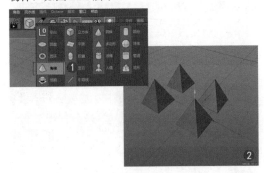

图 2.58

④ 选择最初的角锥物体，按住 Shift 键的同时单击"扭曲"按钮◆，在参数面板中设置变形"强度"❶，如图 2.59 所示。可以看到除了最初的角锥物体产生变形外，其余物体也产生同样的变形❷，用这种方法可以复制大量实例而不会对系统产生太大的影响。

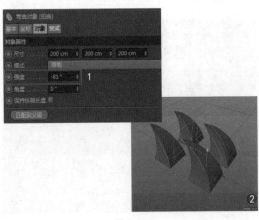

图 2.59

2.5.4 晶格工具

使用"晶格"工具◆可以将场景中的物体以晶格的形式表现，晶格由圆球和圆柱体组成，每个点形成球体，每个线段形成圆柱体。

① 在场景中建立一个角锥物体。按住 Alt 键的同时选择"晶格"工具◆❶，此时晶格变成了角锥的父级❷，角锥发生变化❸如图 2.60 所示。

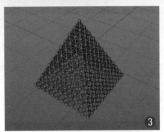

图 2.60

② 在参数面板中可以针对晶格的参数进行修改，控制球体和圆柱体的细节，如图 2.61 所示。

图 2.61

③ 还可以在角锥物体的参数面板中进行参数修改，用于简化模型，如图 2.62 所示。

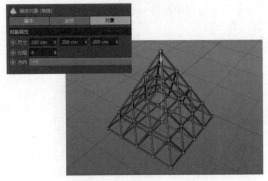

图 2.62

2.6 捕捉

使用捕捉可以在创建、移动、旋转和缩放对象时进行控制，可以在对象或子对象的创建和变换期间捕捉到现有几何体的特定部分。

2.6.1 捕捉工具

这里列举了全部关于捕捉的命令，包括 2D 捕捉、3D 捕捉、工具捕捉、量化捕捉，以及点、线、面等各种捕捉类型，如图 2.63 所示。

图 2.63

2D 捕捉、3D 捕捉主要用于提供二维平面空间和三维空间的控制范围。

自动捕捉：默认设置，光标仅捕捉活动栅格上对象投影的顶点或边缘。

2D 捕捉：光标仅捕捉到活动构建栅格，包括该栅格平面上的任何几何体。注意将忽略 Z 轴或垂直尺寸。

3D 捕捉：光标直接捕捉到 3D 空间中的任何几何体。3D 捕捉用于创建和移动所有尺寸的几何体，而不考虑构造平面。

启用量化：通过指定的百分比增加对象的缩放。

2.6.2 捕捉类型

捕捉类型大致分为四类：第一类是 3D 空间捕捉，包括顶点、边/线段、面、中心面、中点和端点；第二类是平面捕捉，包括垂足和切点；第三类是物体的捕捉，包括轴心和边界框；第四类是工作平面的捕捉，包括栅格点和栅格线的捕捉。本书将重点介绍点、线、面的捕捉。

捕捉的基本作用有两个，即创建物体和物体对位，下面通过案例具体说明。

1 单击界面左边工具栏中的"启用捕捉"按钮，按钮变为蓝色时，表示已经启用了捕捉功能。

2 在场景中建立一个棱锥和一个球体，来测试一下捕捉工具，如图 2.64 所示。

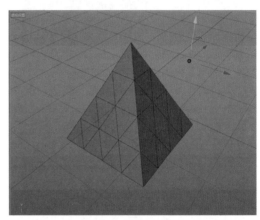

图 2.64

3 确保"启用捕捉"按钮为激活状态 ❶，再激活"自动捕捉"和按钮 ❷"顶点捕捉"按钮 ❸，如图 2.65 所示。

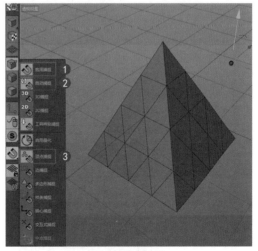

图 2.65

4 移动球体到棱锥体的顶点处，可以看到球体很容易就吸附到了棱锥体的顶点上，此时球体的中心点和棱锥的顶点位置是吻合的，如图 2.66 所示。试着将球体移到其他顶点上。

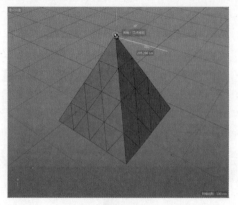

图 2.66

5 关闭"顶点捕捉"按钮，激活"边捕捉"按钮 ①。移动球体到棱锥体的边界处，可以看到球体很容易就吸附到了棱锥体的边界上 ②，如图 2.67 所示。

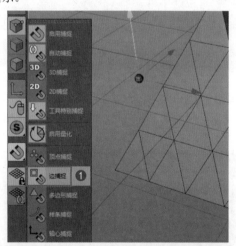

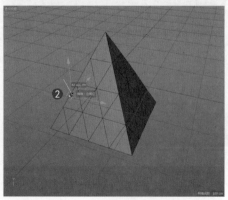

图 2.67

6 关闭"边捕捉"按钮，激活"多边形捕捉"按钮 ①。移动球体到棱锥体的多边形处，可以看到球体很容易就吸附到了棱锥体的多边形中心处 ②，如图 2.68 所示。

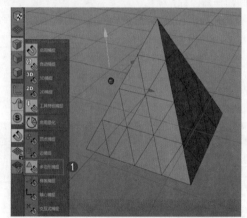

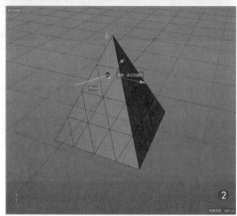

图 2.68

7 在 Cinema 4D 中，还可以使用其他多种捕捉方式，如轴心捕捉、引导线捕捉、样条捕捉等，可以将物体捕捉到线条上，这种捕捉方式适合制作路径动画，如图 2.69 所示。

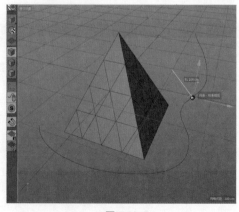

图 2.69

第 ③ 章

场景文件的管理和界面定制

本章导读：

制作一个比较大的场景时，有效地将场景中的物体按照自己的意愿统一管理，是一件很棘手的事情，本章我们就通过保存工程（含资源）、合理使用多场景文件、定制个人界面和工具栏、层的管理几个实用功能，讲述怎样对场景进行有条理的、便于操作的管理。

知识点	学习目标			
	了解	理解	应用	实践
保存工程（含资源）		√	√	
多场景运用	√	√		
定制个人界面		√	√	
定制工具栏		√	√	
自定义界面颜色			√	√
建立层		√	√	√
层的管理		√	√	√

3.1 保存工程（含资源）

在 Cinema 4D 中，如果仅保存工程文件，很多不同目录中的贴图和资源将无法有效打包在一起，移动文档或在另一台电脑打开时，会提示丢失贴图资源，因此必须有效打包工程文件的资源。

3.1.1 管理工程文件

首先了解保存工程文件和类别工程文件的操作。

1 打开 Cinema 4D 软件，在场景中新建一个立方体。执行主菜单中的"文件">"另存为"命令，如图 3.1 所示。

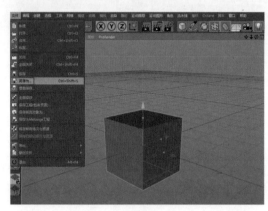

图 3.1

2 打开"保存文件"对话框，设置文件名，单击"保存"按钮保存文件，如图 3.2 所示。

图 3.2

3 执行主菜单中的"文件">"关闭"命令，即可将该场景关闭，如图 3.3 所示。

图 3.3

3.1.2 打开多个工程文件

在工作中，可以同时打开多个工程文件进行操作，Cinema 4D 软件对于多个文件之间的切换是无缝衔接的，非常方便。

1 在主菜单栏的"窗口"可以看到这些打开的文件，如图 3.4 所示。

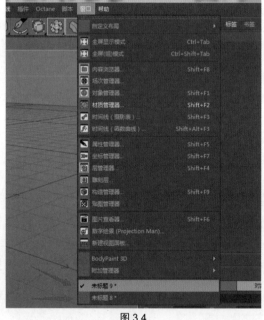

图 3.4

2 如果要切换场景文件，只需在"窗口"菜单中选择相应的文件名即可。

3 如果要关闭这些文件，可以执行"文件">"全部关闭"命令❶，将所有场景关闭，此时会弹出对话框提示是否保存修改后的文件❷，如图 3.5 所示。

图 3.5

3.1.3 保存工程（含资源）

如果工程文件和贴图同时打包在一起，工程文件使用起来会更加方便，具体打包方法如下。

① 打开一个有贴图的文件，执行"文件" > "保存工程（包含资源）..."命令，如图 3.6 所示。

图 3.6

② 在弹出的"保存文件"对话框中设置"文件名"为"工程文件"，单击"保存"按钮保存文件，如图 3.7 所示。

图 3.7

③ 保存完成后，可以看到一个打包好的"工程文件"目录①，进入该目录可以看到除了有 .c4d 后缀的工程文件之外，还有一个专用贴图目录 tex，该目录中就是打包好的贴图②，如图 3.8 所示。

图 3.8

4 在动画制作过程中可能会保存不同阶段制作的很多版本，对此可以用增量保存的方式来保存，如图 3.9 所示。

图 3.9

5 保存后可以在原来的目录中看到一个不同编号的增量保存文件，这样就很方便地保存了不同版本的文件，如图 3.10 所示。

图 3.10

6 有时还会将文件输出为不同的格式到其他软件中进行编辑，比如外挂展 UV 贴图的工作，.obj 格式是可以保存 UV 信息的模式❶，并且输出时勾选"纹理坐标（UVs）"复选框，才能记录 UV 信息❷，如图 3.11 所示。

图 3.11

3.2　自定义界面

　　Cinema 4D 工具栏和菜单内容非常多，有时候无法全部显示在工具栏中，用户可以根据需要将常用的工具按钮放置在顺手的位置，还可以更改界面颜色和界面布局。

3.2.1　自定义工具栏

　　Cinema 4D 的工具栏在界面中很多位置都会出现，如界面上方和左侧，以及材质编辑器上方。下面介绍自定义工具栏中按钮的方法。

1 执行主菜单"窗口"＞"自定义布局"＞"自定义命令"命令，或按下 Shift+F12 组合键，打开"自定义命令"对话框，如图 3.12 所示。

图 3.12

2 在"自定义命令"对话框的"名称过滤"文本框中输入命令的名称,这里由于安装了 Octane 渲染器,所以输入 Octane,找到 Octane 的相关工具,如图 3.13 所示。

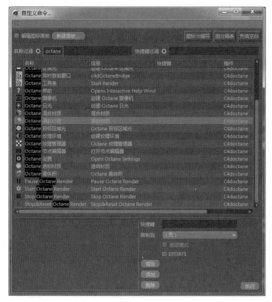

图 3.13

3 将需要的工具按钮拖到相应的位置,这样就完成了自定义工具栏的操作,如图 3.14 所示。

图 3.14

3.2.2 自定义界面

Cinema 4D 的界面分为很多个区域,这些区域是可以随意移动的,用户可以根据个人操作习惯进行布局,以提高工作效率。

1 打开一个工程文件,可以看到材质编辑器默认情况下位于界面的右下角,根据个人使用习惯可以

将其移动到其他位置,如图 3.15 所示。

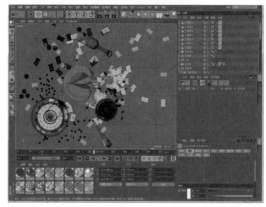

图 3.15

2 每个区域左上角都有一个按钮■,拖动这个按钮即可对该区域进行移动,如图 3.16 所示。

图 3.16

3 将材质编辑器移动到理想的位置,本例移动到界面的右边,松开鼠标即可将该区域固定在目标位置,如图 3.17 所示。

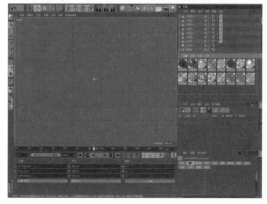

图 3.17

4 可以对这个布局进行保存,以便下次打开软件时可随时调用该布局。执行主菜单中的"窗口">"自定义布局">"另存布局为..."命令❶,打开"保存界面布局"对话框,设置本例布局的文件名为"测试界面"❷,单击"保存"按钮保存布局,如图 3.18 所示。

图 3.18

⑤ 在界面右上角的"界面"下拉列表中可以找到刚刚保存的"测试界面"布局，如图 3.19 所示。下次重新打开软件后可以在这里调用该布局。

图 3.19

3.2.3 自定义界面颜色

① 如果不喜欢深灰色的默认界面颜色，也可以自定义界面的颜色。执行主菜单中的"编辑">"设置"命令，如图 3.20 所示。

图 3.20

② 打开"设置"对话框，在"界面颜色"选区进行设置即可，可以改变背景、文字、按钮等各种界面元素的颜色，如图 3.21 所示。

图 3.21

3.3 层的管理

在 Cinema 4D 中有一个"层"面板，任何物体都可以在"层"面板中进行分层管理，这在场景复杂的情况下更方便进行模型的梳理。

3.3.1 层管理界面

Cinema 4D 的"层"面板在参数面板区域，单击面板标签即可进入"层"面板，如图 3.22 所示。

"层"面板中有很多图标，分别代表了它们各自管理的属性，可以激活某个图标（表示在视图中激活该功能），也可以关闭某个图标（表示在视图中关闭了该功能），如图 3.23 所示。

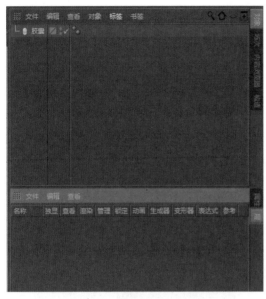

图 3.22

图 3.23

⑤独显：单独显示（工具栏中的"独显"按钮只作用于视图显示，此处的独显为：在层中也单独显示）。

🔲查看：在视图中看不到，但能渲染出来。

🔲渲染：关闭渲染，在视图中能看到。与🔲按钮的功能一样。

🔲管理：在"层"面板中隐藏，让"对象"面板清爽。能渲染，能在视图中显示。

🔒锁定：将物体变为不可操作状态，但在视图中可以显示。

🔲动画：在某一帧定格动画。

🔲生成器：生成器的开关，整个物体都消失。

🔲变形器：变形器的开关。

🔲表达式：表达式的开关。

🔲参考：参考系的开关。

3.3.2 建立层

1 在场景中建立 3 个胶囊和 3 个立方体物体作为层的练习，在"对象"面板框选 3 个立方体，右击打开快捷菜单，选择"加入新层"命令，如图 3.24 所示。

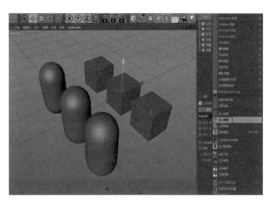

图 3.24

2 在 3 个立方体名称后方出现了随机的色块，这就是层标签，代表已经加入了层，这 3 个方块颜色相同，代表它们是一个层，如图 3.25 所示。

图 3.25

3 在层面板可以找到这个层❶，双击该层名称，变为可编辑状态时可以对其重新命名（本例命名为"立方体"），如图 3.26 所示。

图 3.26

4 双击色块❶，打开"颜色拾取器"对话框❷，可以为层重新设置颜色，不同的颜色代表不同的层，如图 3.27 所示。

图 3.27

⑤ 在 "对象" 面板框选另外 3 个胶囊物体, 右击打开快捷菜单, 选择 "加入新层" 命令, 3 个胶囊名称后方出现与立方体不同颜色的色块, 颜色是系统随机给出的, 如图 3.28 所示。

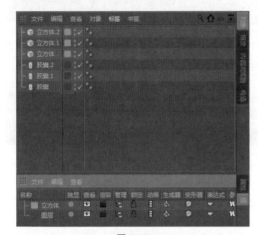

图 3.28

⑥ 选择一个胶囊, 给胶囊添加 "晶格" 效果器 和 "扭曲" 变形器, 如图 3.29 所示。

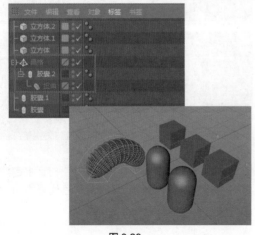

图 3.29

⑦ 分别单击 "晶格" 效果器 和 "扭曲" 变形器 名称后方的色块❶, 在弹出的菜单中选择 "加入到层" > "图层" 命令❷, 如图 3.30 所示。

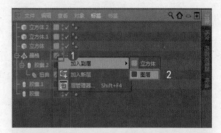

图 3.30

⑧ 此时建立了两个层, 分别显示为淡蓝色和深蓝色, 如图 3.31 所示。

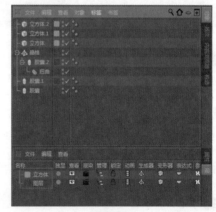

图 3.31

3.3.3 层的管理

下面针对这两个层进行操作。

① 在 "层" 面板双击代表胶囊层的名称, 将其重新命名 (本例命名为 "胶囊"), 如图 3.32 所示。

图 3.32

②单击"胶囊"层的"独显"按钮 ⑤，可以看到视图和"对象"面板中除了"胶囊"层的物体外，其他物体全部被隐藏，如图 3.33 所示。

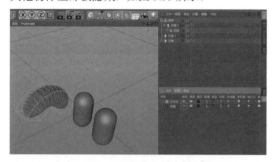

图 3.33

③渲染视图，只有胶囊被渲染，说明"层"面板的独显具有隐藏物体的功能，与工具栏中的"独显"按钮不同，工具栏中的"独显"按钮只作用于视图显示（其他物体仍然会被渲染），如图 3.34 所示。

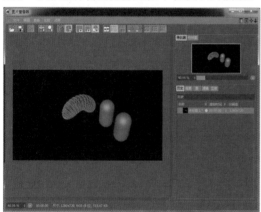

图 3.34

④再次单击"胶囊"层的"独显"按钮 ⑤，关闭独显功能。单击"立方体"层的"查看"按钮 ，①，视图中的立方体均被隐藏，渲染视图，立方体仍然可以被渲染②，说明查看功能仅针对于视图显示，如图 3.35 所示。

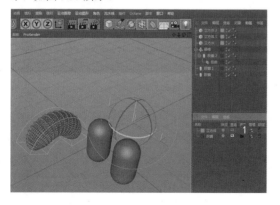

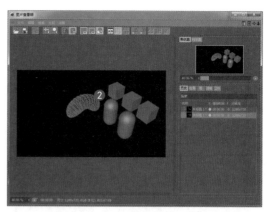

图 3.35

⑤单击"胶囊"层的"渲染"按钮 ，关闭该层的渲染功能，此时胶囊将不再被渲染，如图 3.36 所示。

图 3.36

⑥单击"胶囊"层的"管理"按钮 ，"胶囊"层在"对象"面板中被隐藏，该功能可以让"对象"面板操作更加简洁，如图 3.37 所示。

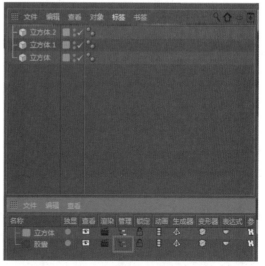

图 3.37

7 单击"胶囊"层的"锁定"按钮🔒❶视图中的胶囊物体将不会被选定（类似于被冻结），这种操作可以保证物体在显示状态下得到保护，不会被误选择。在锁定操作下，物体在"对象"面板中呈灰色显示❷，如图 3.38 所示。

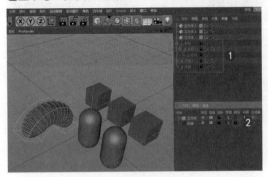

图 3.38

8 单击"胶囊"层的"动画"按钮📽，如果胶囊之前做过动画，则动画被定格显示。这个功能的好处是可以将动画效果播放到某一帧，再定格显示动画效果（有利于作位置参考），如图 3.39 所示。

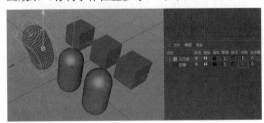

图 3.39

9 "生成器"按钮⚙和"变形器"按钮🔧是场景中生成器和变形器的效果开关，功能类似于"对象"面板的✔按钮，如图 3.40 所示。

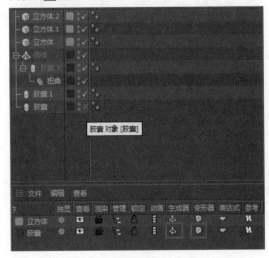

图 3.40

10 "表达式"按钮和"参考"按钮很少使用，这里不作说明。在物体较多的场景中，"层"面板能有效地提高工作效率。如果想将已有层的物体加入到其他层，可以在"对象"面板中单击物体名称的层按钮，选择加入相应的层，如图 3.41 所示。

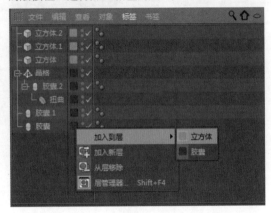

图 3.41

3.3.4 材质的层管理

1 "层"面板也可以对场景中的材质进行层管理，如图 3.42 所示。

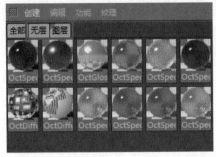

图 3.42

2 在"材质球"面板中，如果场景中的材质过多，会导致面板无法显示完整，此时可以对它们进行分层。选中需要分层的材质球，右击，在快捷菜单中选择"加入新层"命令，如图 3.43 所示。

图 3.43

❸ "材质球"面板上方出现新建的图层，双击该名称，可以对其进行命名❶，在"层"面板中会显示相应的名称❷，如图 3.44 所示。

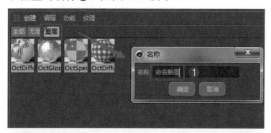

图 3.44

❹ 双击层名称前的颜色按钮❶，可以对层标识的颜色进行更改❷，这样的更改方便识别，并不是改变材质本身的颜色，如图 3.45 所示。

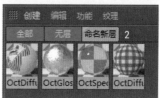

图 3.45

❺ 同样可以对层进行独显、锁定、动画、查看等操作，与物体层的操作方法是一样的。

第 ④ 章

基本物体的创建

本章导读：

通过参数化几何体及 NURBS 曲面的创建，了解 Cinema 4D 的基本建模元素和一些参数的含义及其变化所产生的影响。在多边形和 NURBS 建模方面本章也给出了具体的制作思路，并以实例的形式讲解了具体的实施过程。

知识点	学习目标			
	了解	理解	应用	实践
参数化对象	√	√	√	√
创建沙发模型			√	√
参数化图形	√	√	√	√
绘制曲线	√	√	√	√
修改工具的使用	√	√	√	√
NURBS 曲面建模	√	√	√	√

4.1　参数化对象

Cinema 4D 中的参数化对象用于创建具有三维空间结构的造型实体，包括空白、立方体、圆锥、圆柱、圆盘、平面、多边形、球体等18种类型。

我们熟悉的几何基本体在现实中就是像球体、管道、长方体、圆环、圆锥等的对象。在 Cinema 4D 中，可以使用单个基本体对很多这样的对象建模，如图 4.1 所示。还可以将基本体结合到更复杂的对象中，并使用修改器进一步进行细化。

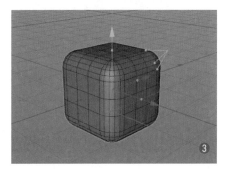

图 4.2（续）

4.1.1　创建切角宝石

1 选择"宝石"工具，视图中出现一个默认的宝石物体，如图 4.3 所示。

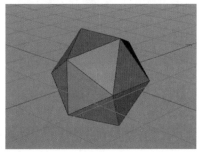

图 4.3

2 在参数面板中对其进行参数化修改，设置分段、圆角、长宽高等，如图 4.4 所示。

图 4.1

建立一个参数化物体❶，可以在参数面板中对其进行参数化修改❷，如设置分段数、圆角、长宽高等，❸为设置圆角的效果，如图 4.2 所示。

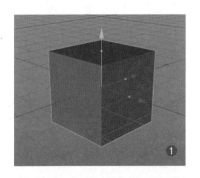

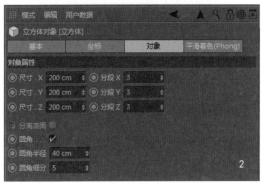

图 4.2

3 "类型"设置为"碳原子"的效果如图 4.5 所示。可以通过"分段"数修改细节,还可以设置为八面体、四面体等造型。

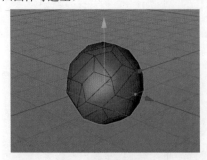

图 4.5

4.1.2 创建地形

1 选择"地形"工具📐,视图中出现一个默认的地形物体,如图 4.6 所示,可以通过参数修改山地的形态。

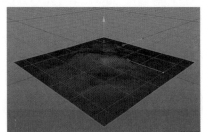

图 4.6

2 在参数面板中对其进行参数化修改❶,增加高度参数的效果❷,如图 4.7 所示。

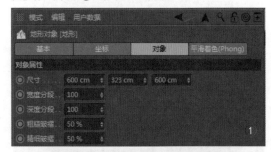

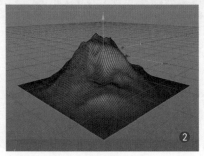

图 4.7

3 设置"海平面"参数❶,海平面提高后覆盖了山地的效果❷,如图 4.8 所示。

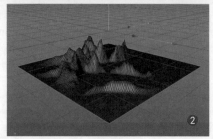

图 4.8

4 修改"类型"为"球状"❶,整体地形变化为圆形效果❷,如图 4.9 所示。

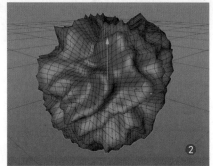

图 4.9

5 还可以通过修改"方向""随机""粗糙皱褶"等参数让山地地形更加复杂,如图 4.10 所示。

图 4.10

4.1.3 创建沙发

1 在工具栏中选择"立方体"工具，视图中出现一个默认的立方体物体，如图4.11所示。

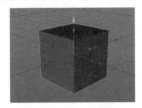

图4.11

2 在参数面板设置参数❶，改变长宽高尺寸的效果❷，如图4.12所示。

图4.12

3 在参数面板修改长方体的圆角参数❶，长方体变为圆角效果❷，如图4.13所示。

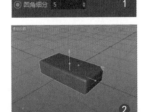

图4.13

4 在视图中可以观察到长方体3个轴向上面各有一个黄色小圆点，这个圆点可以用来调整形状，试着拖动小圆点改变造型，如图4.14所示。

图4.14

5 单击工具栏中的"移动"按钮，在顶视图中按住Ctrl键并拖动长方体上面的红色轴向（X轴），沿着X轴复制一个新的长方体，如图4.15所示。

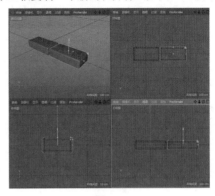

图4.15

6 在顶视图中继续按住Ctrl键的同时拖动长方体，可以复制一个沙发靠背。拖动黄色圆点改变沙发靠背的形状，如图4.16所示。

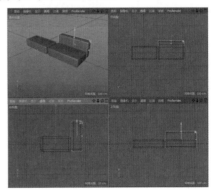

图4.16

7 在不同的视图中继续按住Ctrl键的同时拖动长方体，复制不同方位的长方体，并修改长宽高尺寸，拼合成沙发扶手，如图4.17所示。

尽量不要在透视视图中操作，否则会产生视觉误差，容易对位置的把控造成影响。

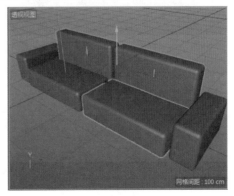

图4.17

8 单击"圆柱"按钮■，视图中出现一个默认的圆柱物体，适当修改圆柱的尺寸，如图 4.18 所示。

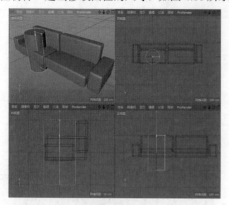

图 4.18

9 圆柱体上有两个黄色圆点可供调整，一个代表横截面半径，一个代表高度，如图 4.19 所示。

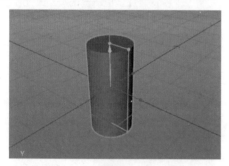

图 4.19

10 在参数面板可进行更精细的调整，如设置"分段""圆角""封顶"等❶，还可以将圆柱体改为圆角效果❷，如图 4.20 所示。

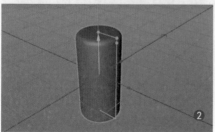

图 4.20

11 按住 Alt 键配合鼠标左键，将沙发视角旋转到沙发底部，如图 4.21 所示。

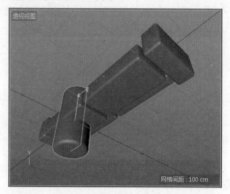

图 4.21

12 单击工具栏中的"缩放"按钮■，在圆柱体外围拖动鼠标（不要选择圆柱上面的任何轴向），将圆柱等比例缩小，并移动到沙发底部，成为沙发腿，如图 4.22 所示。

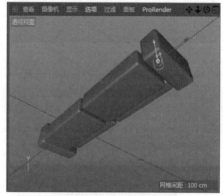

图 4.22

13 复制另外 3 个沙发腿，将其移到合适的位置，至此沙发制作完成，如图 4.23 所示。

本例使用了立方体工具、圆柱工具和移动工具，配合各种参数和缩放工具制作了一个简单的模型。

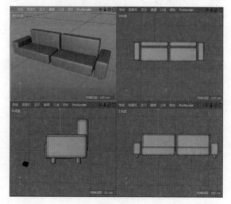

图 4.23

4.2 参数化图形

图形是一种由一条或多条曲线组成的对象，在 Cinema 4D 中这种曲线分为参数化图形和 NURBS 曲线两种，这些曲线可以用作其他对象组件的 2D 或 3D 元素。

图形的主要作用为生成面片和薄的 3D 曲面 / 定义放样组件，如路径和图形，并拟合曲线、生成旋转曲面、生成挤出对象、定义运动路径。

工具栏中提供了日常生活中经常能够看到的几何图形，如圆形、矩形、星形等。

"画笔""草绘"等工具可以用来随意画线，参数化图形则可以通过修改参数产生固定的形状，包括圆环、齿轮、矩形、文本、多边、螺旋等共 15 种图形，每个图形都具有特定的属性参数，如图 4.24 所示。

图 4.24

4.2.1 绘制星形

1 选择"星形"工具☆❶，视图中出现一个默认的星形图形❷，如图 4.25 所示。

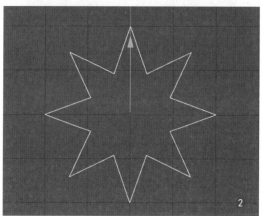

图 4.25

2 在参数面板中对其进行参数化修改，如修改分段数、圆角、长宽高等。本例修改"点"数为 5❶，使星形变成了五角星❷，如图 4.26 所示。

图 4.26

3 修改"内部半径"和"螺旋"角度❶，得到了一个不一样的效果，五角星变成了扭曲的造型❷，如图 4.27 所示。

图 4.27

4.2.2 绘制螺旋

1 选择"螺旋"工具 🈯1，视图中出现一个默认的螺旋图形2，这是一个三维的螺旋线，不是平面的，如图 4.28 所示。

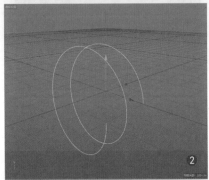

图 4.28

2 Cinema 4D 可以产生二维和三维的参数化图形，修改"起始半径"和"结束角度"1，可以得到一个蜗牛形状2，如图 4.29 所示。

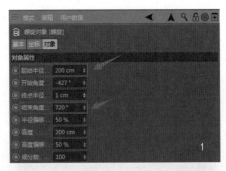

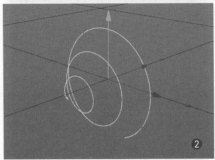

图 4.29

3 增加高度参数，可以让整个螺旋体拉长，如图 4.30 所示。

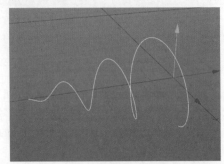

图 4.30

4.2.3 绘制文字

1 选择"文本"工具 🇹1，视图中出现一个默认的文本图形2，如图 4.31 所示。在参数面板可以对文本的字体和大小进行修改。

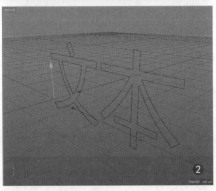

图 4.31

2 进入参数面板，可以对文本的字体和文字内容进行修改，也可以对文字进行字体加粗等操作1，文字的效果2，如图 4.32 所示。

图 4.32

③ 修改字体间隔❶，改变文字的字距❷，如图 4.33 所示。

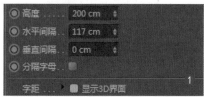

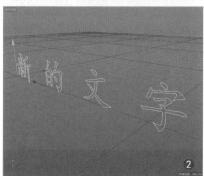

图 4.33

一般情况下，"文本"工具主要用于制作剖面，然后对其进行三维模型生成。

④ 按住 Alt 键的同时选择"挤压"工具❶，此时文字会产生立体厚度❷，如图 4.34 所示。

图 4.34

⑤ 在参数面板可以看到挤压的参数主要有"对象"和"封顶"两个大类。在"对象"页面设置 Z 轴的厚度为 20cm，表示文字将在 Z 轴产生 20cm 的厚度，如图 4.35 所示。

图 4.35

⑥ 在"封顶"页面可以调整文本模型是否有封盖。一般情况下，如果想让字体产生较好的倒角效果，选择"圆角封顶"，如图 4.36 所示。

图 4.36

⑦ 通过"步幅"和"半径"调整可以得到不同的圆角效果，如光滑的、锋利的倒角，如图 4.37 所示。

图 4.37

4.3 绘制曲线

在 Cinema 4D 中可以绘制自由曲线，主要绘制工具为"画笔"工具和"草绘"工具，而"平滑样条"工具和"样条弧线工具"则可以用于修改曲线。

4.3.1 曲线绘制工具

曲线绘制工具有"画笔"工具![icon]和"草绘"工具![icon]，它们可以绘制各种类型的曲线，如图 4.38 所示。

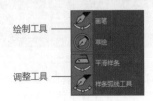

图 4.38

"画笔"工具![icon]是用节点方式绘制曲线，就是通过一个一个节点来控制形状，如图 4.39 所示。

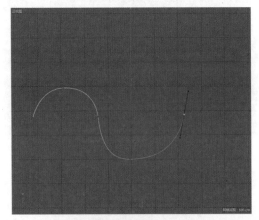

图 4.39

"草绘"工具![icon]是用涂鸦方式绘制，绘制不准确，但比较快速，如图 4.40 所示。

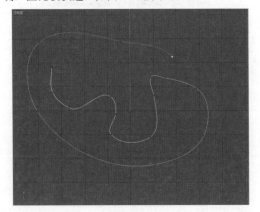

图 4.40

在"画笔"工具![icon]的参数面板中可以选择曲线的绘制类型，可绘制的曲线类型有线性、立方、Akima、B- 样条和贝塞尔 5 种方式，其中线性和贝塞尔是最常用的，如图 4.41 所示。

图 4.41

4.3.2 绘制线性和 NURBS 曲线

![1] 在工具栏选择"画笔"工具![icon]，在参数面板确定当前类型为"线性"，如图 4.42 所示。

图 4.42

![2] 在正视图中单击第一个点，这是起始点，松开鼠标后移动到第二个放置点，再单击，此时起始点和放置点之间生成了一条直线。继续绘制，可以看到线性模式的曲线始终在点与点之间生成直线。绘制完成后按 Esc 键结束，如图 4.43 所示。

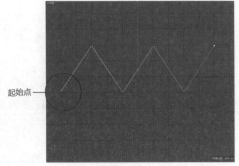

图 4.43

❸ 再次选择"画笔"工具 ，在参数面板确定当前类型为"贝塞尔"，如图 4.44 所示，这次绘制弧形曲线。

图 4.44

❹ 在正视图中单击鼠标左键，放置起始点，松开鼠标后移动到第二个放置点，再次单击并拖动（不要松开鼠标左键），可以看到第二个点上出现了一个黑色手柄，起始点与第二个放置点之间生成了弧线，如图 4.45 所示。

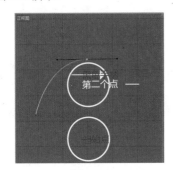

图 4.45

❺ 松开鼠标后继续放置第三个点，此时不要拖动鼠标，如图 4.46 所示。

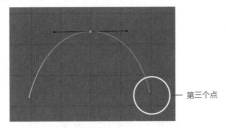

图 4.46

❻ 松开鼠标后继续放置第四个点，可以发现如果只是放置顶点，点上并不会产生黑色手柄，如果单击放置并拖动鼠标，会产生黑色手柄，如图 4.47所示。

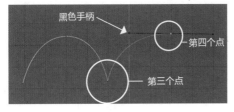

图 4.47

❼ 继续放置其他顶点，要完成曲线绘制，按 Esc 键，如图 4.48 所示。

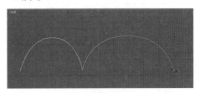

图 4.48

❽ 再次选择"画笔"工具 ，在参数面板确定当前类型为"B- 样条"，如图 4.49 所示。这次绘制另一种 B- 样条弧形曲线。

图 4.49

❾ 在正视图中单击鼠标左键，放置起始点。曲线的绘制方法与步骤4相同，可以看到当拖动鼠标时，点与点之间虽然产生弧线，但没有手柄，弧线的切线上产生了 CV 点，如图 4.50 所示。

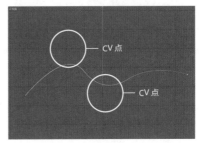

图 4.50

贝塞尔	以节点控制曲线形状，节点位于曲线上
B- 样条	以 C V 控制点来控制曲线的形状，C V 点不在曲线上，而在曲线的切线上

从上面的案例可以看到，在 Cinema 4D 中主要有三种曲线，分别是线性、贝塞尔曲线（手柄曲线）和 B- 样条曲线（CV 点曲线），曲线和点曲线是一种 NURBS（Non-Uniform Rational B Spline）曲线，即统一非有理 B 样条曲线，这是完全不同于多边形模型的计算方法，这种方法以曲线来操控三维对象表面（不是用网格），非常适合于复杂曲面对象的建模。NURBS 曲线，从外观上来看，它与样条线非常类似，而且二者可以相互转换，但它们的数学模型却是大相径庭的。NURBS 曲线的操控比样条线更简单，所形成的几何体表面也更加光滑。

4.4 点、线、面的编辑

在 Cinema 4D 中，模型次物体级别分为顶点、边界和多边形，通过对点、线、面的编辑可以对模型的形状进行调整，这就是多边形建模。下面我们先来熟悉点、线、面的编辑工具。

4.4.1 顶点编辑工具

首先来学习顶点的编辑工具，进入顶点次物体级别，在右键的快捷菜单中可以看到所有的顶点编辑工具。

① 先建立一个圆形，在参数面板中可以对圆形的半径和分段数进行调整。因为这是一个参数化模型，所以无法单独对点、线、面进行编辑，如图 4.51 所示。

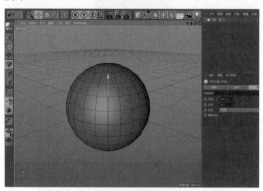

图 4.51

② 单击 按钮，或按 C 键，将参数化的圆形转化为可编辑多边形，此时就可以进入点、线、面相应的次物体级别进行编辑操作了，如图 4.52 所示。

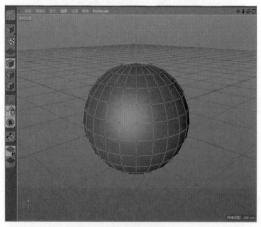

图 4.52

③ 单击 按钮，进入顶点次物体级别，框选模型上的顶点，右击，可以看到快捷菜单中的所有关于顶点的编辑命令，如图 4.53 所示。

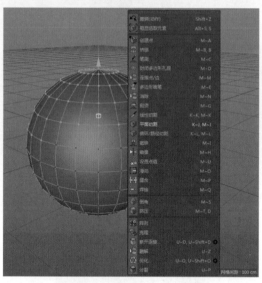

图 4.53

④ 在球体上选择一个顶点，选择快捷菜单的"倒角"命令，拖动鼠标可以创建倒角，如图 4.54 所示。

图 4.54

⑤ 在参数面板可以看到倒角的各项参数，调节参数可以更准确地控制倒角效果，如图 4.55 所示。

图 4.55

这就是顶点编辑工具的基本用法，有的工具是直接在视图中进行拖动操作，有的工具可以在参数面板进行编辑。

4.4.2 边编辑工具

进入边次物体级别，快捷菜单中边的编辑工具与点类似，很多命令是相通的。

1 单击 ● 按钮，进入边次物体级别，选择模型的边，右击，在快捷菜单中可以看到所有边的编辑命令，如图 4.56 所示。

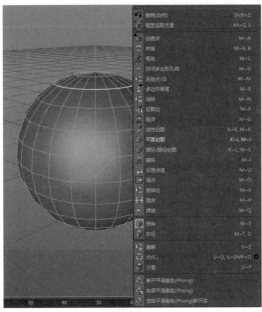

图 4.56

2 可以看到有些命令和顶点次物体状态下相同，但这里是针对边的操作命令。按 U、L 键，循环选择模型的一圈边❶，然后在快捷菜单中选择"消除"命令，此时选中的边被消除❷，如图 4.57 所示。

图 4.57

3 不选择任何边，在快捷菜单中选择"线性切割"命令，在模型上绘制切割线，如图 4.58 所示。

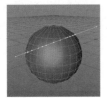

图 4.58

4 在参数面板选择相应的切片模式❶，按 Esc 键完成切割，球体就像切西瓜一样按刚才绘制的切线进行了切割❷，如图 4.59 所示。

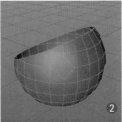

图 4.59

5 在快捷菜单中继续选择"封闭多边形孔洞"命令，如图 4.60 所示。

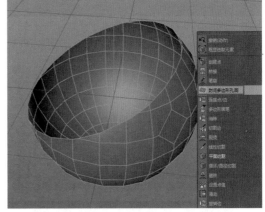

图 4.60

6 光标移动到球体开口处，系统自动甄别出要封闭的开口❶，单击鼠标即可将开口处封闭❷，如图 4.61 所示。

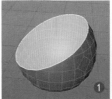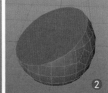

图 4.61

7 继续选择"线性切割"命令，在模型上可以绘制相应的边，如图 4.62 所示。

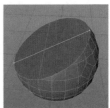

图 4.62

4.4.3 多边形编辑工具

进入多边形次物体级别,在快捷菜单中的多边形编辑工具中选中某个命令后(如"倒角"),在点和边级别也可以使用。

1 单击 ▣ 按钮,进入多边形次物体级别,选择模型的多边形,右击,在快捷菜单中可以看到所有多边形的编辑命令,如图4.63所示。

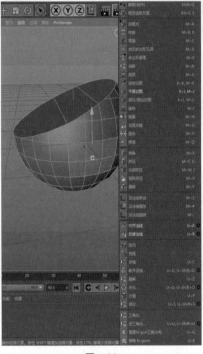

图 4.63

2 在多边形的快捷菜单中,多边形编辑命令比点和边多一些,选择"挤压"命令,拖动鼠标可以对当前选择面进行挤压操作,如图4.64所示。

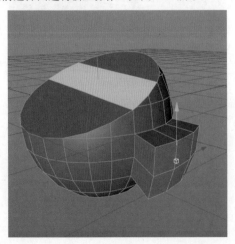

图 4.64

3 继续选择"倒角"命令,对挤压的面进行倒角操作,如图4.65所示。

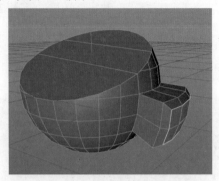

图 4.65

4 在参数面板调节"细分"值❶,可以对倒角产生的圆角进行细分❷,通过参数的配合可以进一步调节编辑命令,如图4.66所示。

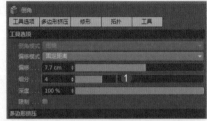

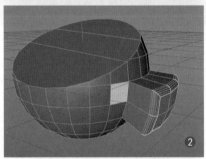

图 4.66

5 注意多边形编辑与参数化几何体不同,多边形的编辑是不可逆的,制作过程中可以多备份几个中间过程,如图4.67所示。

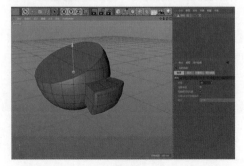

图 4.67

4.5　NURBS造型工具

Cinema 4D 的 NURBS 建模工具有两个分类，分别是"细分曲面"和"阵列"，"细分曲面"的分类中包含"旋转""扫描""挤压""放样"和"贝塞尔"，"阵列"的分类中包含"连接""对称""布尔"等工具。

在 NURBS 造型工具中，使用较多的是旋转、扫描、挤压、放样、连接、对称和布尔等工具，减面、LOD 等工具用得较少，这里主要介绍常用工具（前面章节介绍过阵列、挤压、对称、晶格、扫描工具，这里不再赘述），如图 4.68 所示。

图 4.68

4.5.1　旋转工具

"旋转"工具 就是常说的"车削"工具，将截面或者一条曲线绕轴旋转成一个对象，可以选择绕 X、Y、Z 轴向旋转成型，如图 4.69 所示。

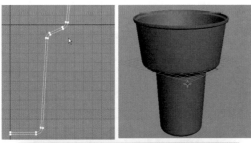

图 4.69

1 使用"旋转"工具制作一个玻璃杯。选择"画笔"工具①，在正视图中绘制玻璃杯的截面②，如图 4.70 所示。

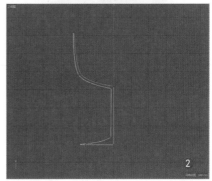

图 4.70

2 按住 Alt 键的同时选择"旋转"工具①，对截面曲线执行"旋转"操作②，此时生成了一个酒杯物体③，如图 4.71 所示。

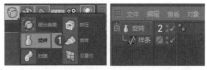

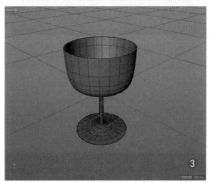

图 4.71

3 在参数面板可以设置"旋转"角度，小于
360°会产生缺口，如图 4.72 所示。

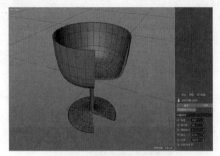

图 4.72

4 设置不同的"细分数"可以控制旋转精度，如
图 4.73 所示。

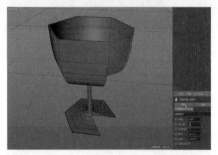

图 4.73

5 "移动"参数可以控制截面在当前轴向的上下
位移，如图 4.74 所示。

图 4.74

6 在封顶页面可以控制封顶的圆角和圆角类型，
如图 4.75 所示。

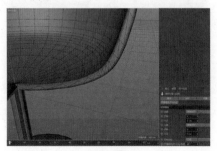

图 4.75

4.5.2 布尔工具

"布尔"工具 在建模时可以对对象执行连接、
相减、相交和剪切操作。布尔操作是对建模工具强
有力的补充。下面用两个简单物体学习布尔工具的
用法。

1 先在视图中建立一个立方体和一个球体，移动
物体，使二者相交，如图 4.76 所示。

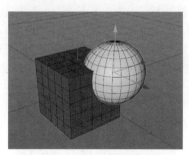

图 4.76

2 在工具栏选择"布尔"工具 ❶，建立一个布
尔，在"对象"面板将立方体和球体拖到布尔下方，
成为布尔的子物体 ❷，如图 4.77 所示。

图 4.77

3 为了方便理解布尔操作，在"对象"面板将"立
方体"更名为 A，"球体"更名为 B（双击物体名
称即可更名）❶。参数面板默认状态下，布尔类型
是"A 减 B"❷，此时模型中立方体 A 减去了球体
B ❸，如图 4.78 所示。

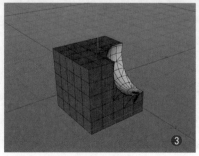

图 4.78

4 更改布尔类型为"AB 交集"①，模型产生了变化，A 和 B 相交处被保留②，如图 4.79 所示。

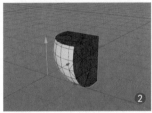

图 4.79

5 在布尔参数面板，可以选择的类型有：A 加 B，A 减 B，AB 交集，AB 补集。如果想要"B 减 A"的效果①，在"对象"面板将 B 物体拖放到 A 物体之前即可②，如图 4.80 所示。

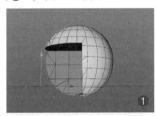

图 4.80

6 如果选择"A 加 B"，则两个物体会成为一体①。勾选"创建单个对象"复选框②，则线会发生改变，两个物体被塌陷成一个整体模型，如图 4.81 所示。

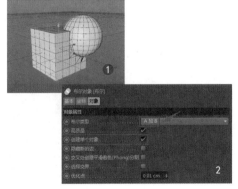

图 4.81

7 勾选"隐藏新的边"复选框①，两个模型之间的紊乱布线将会消除，产生干净整齐的相交布线②，如图 4.82 所示。

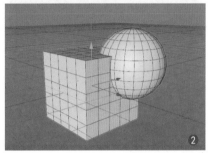

图 4.82

在工业建模时，一般都会使用带倒角的外挂布尔工具 MeshBoolean，上例中这种生硬的相交布尔工具很少使用。

4.5.3 放样工具

"放样"工具 ◢ 的原理就是在路径上使用不同的截面，形成不同阶段不同截面的造型。

1 在正视图建立一个星形、一个圆环和一个花瓣曲线，这是 3 个截面，如图 4.83 所示。

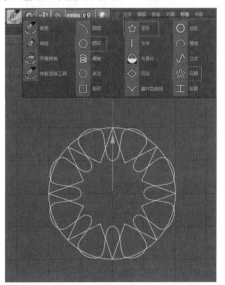

图 4.83

②在顶视图将这 3 个截面移动到不同的位置，如图 4.84 所示。

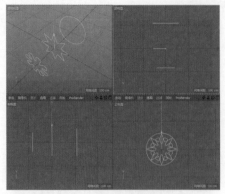

图 4.84

③在工具栏选择"放样"工具，建立一个放样物体①，在"对象"面板将 3 个截面拖到"放样"下方，成为"放样"的子物体②，如图 4.85 所示。

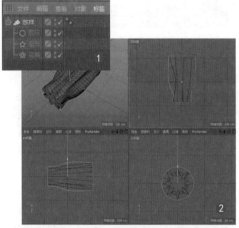

图 4.85

④调整截面的顺序和位置，可以改变模型放样效果，调整截面尺寸，也可以实时改变模型的效果，如图 4.86 所示。

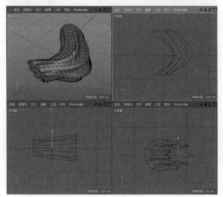

图 4.86

4.5.4　融球工具

"融球"工具可以将多个物体进行融合，可以设置融合精度和外形。

①在视图中先建立两个宝石物体①，用这两个宝石物体来练习融球。在工具栏选择"融球"工具，建立一个融球物体②，如图 4.87 所示。

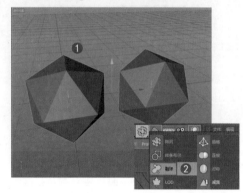

图 4.87

②在"对象"面板将两个宝石拖到"融球"下方，成为"融球"的子物体。默认情况下为融球效果，如图 4.88 所示。

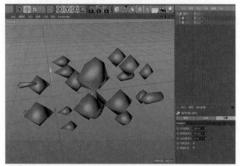

图 4.88

③在参数面板增大"外壳数值"和"编辑器细分"值，融球效果连在一起，用这种方法可以制作出意想不到的动画效果，如图 4.89 所示。

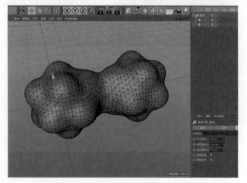

图 4.89

第 5 章

变形器和标签

本章导读：

　　本章将介绍变形器和标签，学习如何使用变形器堆栈及在对象层级使用堆栈，并通过具体案例对主要变形器进行了应用。在标签部分介绍了标签的含义及用法，并演示了在"对象"面板中如何创建各种分类标签及其基本操作。

知识点	学习目标			
	了解	理解	应用	实践
变形工具组	√	√	√	
变形器堆栈的应用		√	√	√
扭曲、膨胀、斜切		√	√	
锥化、FDD、网格			√	√
爆炸、样条约束			√	√
标签的操作			√	√
标签的分类			√	

5.1 变形工具组

在 Cinema 4D 中要对物体进行变形操作，需要给物体添加变形工具，软件内置变形工具有 20 多个（不包括外挂变形器），各种变形工具可以叠加操作，配合效果器的使用，可以创作出多种多样的效果。

5.1.1 认识变形堆栈

将一个变形工具施加给物体，会形成父子关系。在 Cinema 4D 中变形器都以蓝色显示，要记住的一点是：蓝色工具一般都是添加到物体的子级，绿色工具一般都是添加到父级。这个父子层级形成了变形堆栈，是在"对象"面板上呈现的。"对象"面板包含有累积历史记录，上面有选定的对象，以及应用于它的所有"变形器"。

在 Cinema 4D 内部，系统会从堆栈底部开始计算对象，然后顺序移动到堆栈顶部，对对象应用更改。因此，应该从下往上读取堆栈，沿着该 Cinema 4D 使用的序列来显示或渲染最终对象。

先给立方体添加"螺旋"变形器，再添加"扭曲"变形器，最后添加"细分曲面"效果，如图 5.1 所示。

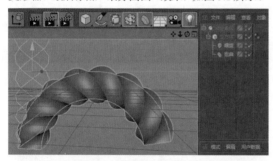

图 5.1

5.1.2 变形工具的应用

1️⃣ 在场景中新建一个立方体，设置参数，如图 5.2 所示。

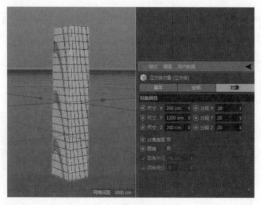

图 5.2

2️⃣ 按住 Shift 键，在工具栏选择"螺旋"工具，如图 5.3 所示，给立方体添加螺旋修改命令。

图 5.3

3️⃣ 此时"螺旋"工具成为立方体的子级，在参数面板设置"角度"值❶，立方体产生了螺旋效果❷，如图 5.4 所示。

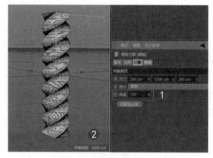

图 5.4

4️⃣ 在"对象"面板单击"立方体"名称，选择立方体。在按住 Shift 键的同时，在工具栏选择"扭曲"工具 ❶，给立方体添加扭曲修改命令。此时的变形堆栈自动排列顺序❷，如图 5.5 所示。

图 5.5

⑤ 修改扭曲变形器的"强度"值❶，将得到一个扭曲的效果，这个效果出错的原因是先用了螺旋，后用了扭曲，所以立方体产生了破面❷，如图 5.6 所示。

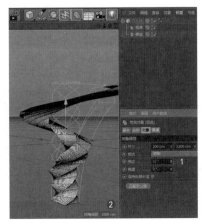

图 5.6

⑥ 将变形堆栈上的扭曲拖动到螺旋下方（保证这两个变形器都在立方体子级下）❶，系统从下往上读取堆栈，先内部螺旋变形，再整体扭曲。此时模型变形达到了想要的效果❷，如图 5.7 所示。

图 5.7

⑦ 在按 Alt 键的同时对立方体执行"曲面细分"命令，完成变形操作。"曲面细分"命令位于变形堆栈的父级，如图 5.8 所示。

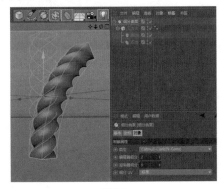

图 5.8

5.1.3　变形器堆栈的应用

变形堆栈的作用是随时可以进入某一阶段对模型进行变形，比如想重新对螺旋进行角度参数的变形，只需在"对象"面板选择该操作，再进入参数面板进行参数调节即可。

① 在"对象"面板单击"螺旋"命令后面的✓图标，该图标变为❶，则表示已经关闭了螺旋变形操作，此时视图中的立方体螺旋效果已经消失，只剩下弯曲变形❷，如图 5.9 所示。

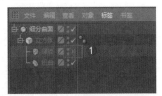

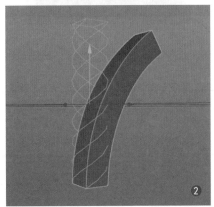

图 5.9

② 单击"螺旋"命令后面上方的圆点图标，圆点变成红色❶，表示已经关闭了螺旋变形器在视图中的显示，这样可更方便、简捷地观察视图❷，如图 5.10 所示。

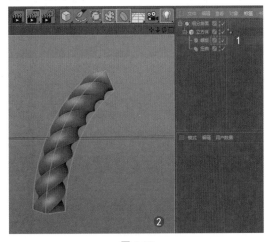

图 5.10

5.2 常用变形器

变形器与变换（移动、缩放、旋转等）的差别在于它们影响对象的方式不同，使用变形器可以塑形对象，并能更改对象的几何形状及属性。

Cinema 4D 的变形器有很多种，如图 5.11 所示，这里仅介绍几种常用的工具，它们大部分都是放置于物体的子级进行应用的（极个别变形器不是子级方式应用）。

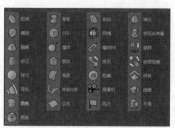

图 5.11

5.2.1 扭曲

"扭曲"变形器可以对物体进行 3 个轴向上的扭曲变形，通过限制框可以控制扭曲的区域。

1 新建一个立方体，设置参数（适当的分段数可以保证变形的流畅性），如图 5.12 所示。

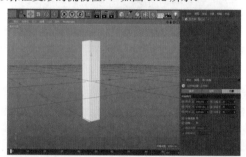

图 5.12

2 按住 Shift 键并在工具栏选择"扭曲"工具 ，给立方体子级添加扭曲变形命令，如图 5.13 所示。

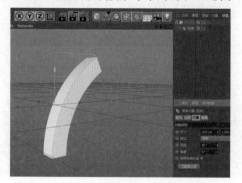

图 5.13

3 默认情况下，扭曲变形器的范围框与立方体相匹配，可以在参数面板调节范围框的尺寸，用以改变变形区域，如图 5.14 所示。

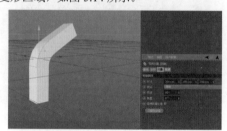

图 5.14

4 移动范围框可改变扭曲变形在立方体上的效果，如图 5.15 所示。

图 5.15

5 改变"角度"值可以改变弯曲的方向，如图 5.16 所示。

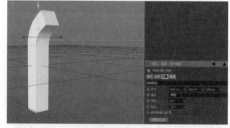

图 5.16

6 试着改变不同的模式来观察扭曲效果，如图 5.17 所示。

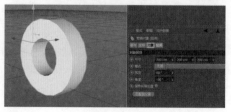

图 5.17

5.2.2 膨胀

"膨胀"变形器可让模型沿着轴向进行鼓起和凹陷。

① 按住 Shift 键并在工具栏选择"膨胀"工具，给立方体子级添加膨胀变形命令①。增大"强度"值②，可以让模型鼓起来③，如图 5.18 所示。

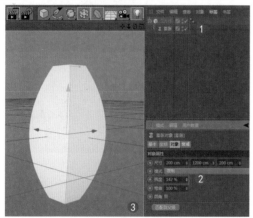

图 5.18

② 将"强度"值缩小，可以让模型凹陷变形，如图 5.19 所示。

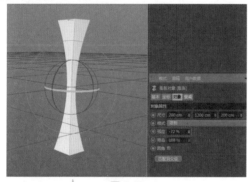

图 5.19

③ 勾选"圆角"复选框，可以让变形变成 S 状，如图 5.20 所示。

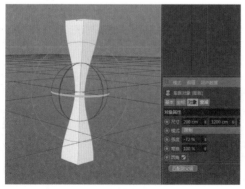

图 5.20

如果想在不同的轴向进行变形，选择"膨胀"工具，对其蓝色范围框进行选择即可。

5.2.3 斜切

"斜切"变形器可让模型沿着轴向进行倾斜。

① 在工具栏选择"斜切"工具，给立方体子级添加斜切变形命令，此时"斜切"工具与立方体是平级关系①，"斜切"工具默认为蓝色的范围框②，如图 5.21 所示。

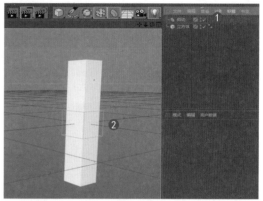

图 5.21

② 在"对象"面板将"斜切"拖到"立方体"名称上，使其成为"立方体"的子级，如图 5.22 所示。

图 5.22

③ 在参数面板设置斜切的"强度"参数，可以看到由于"斜切"工具使用了默认的范围框，所以斜切效果仅针对范围框内部，如图 5.23 所示。

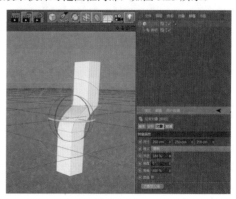

图 5.23

④ 单击"匹配到父级"按钮，让范围框与立方体相匹配，斜切效果得到了纠正，如图 5.24 所示。

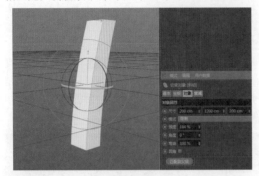

图 5.24

⑤ 参数面板还有"角度"和"弯曲"参数，可以试着调整，观察效果，如图 5.25 所示。

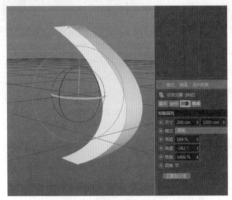

图 5.25

⑥ 勾选"圆角"复选框，可以得到 S 形弯曲效果，如图 5.26 所示。

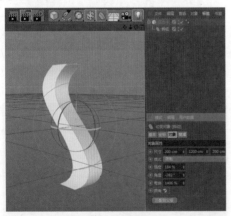

图 5.26

很多变形工具的参数都是共通的，比如圆角、长、宽、高以及强度、弯曲、角度等，在不同的工具中含义也不同，大家可以试着调整它们并查看模型的变形效果，体会参数的含义。

5.2.4 锥化

"锥化"变形器可以对物体进行锥化变形，通过限制框可以控制锥化的区域。

① 新建一个圆柱体，设置参数（合适的分段数可以保证变形的流畅性），如图 5.27 所示。

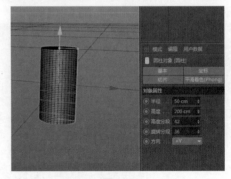

图 5.27

② 按住 Shift 键的同时在工具栏中选择"锥化"工具 🔺，给立方体子级添加锥化变形命令 ❶，并在参数面板加大"强度"参数 ❷，如图 5.28 所示。

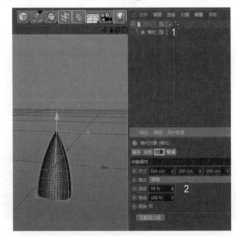

图 5.28

③ 设置"弯曲"参数，可以控制锥化中间段的弯曲弧度，如图 5.29 所示。

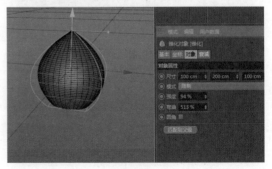

图 5.29

4 勾选"圆角"复选框，可以使弯曲效果呈 S 曲线，如图 5.30 所示。

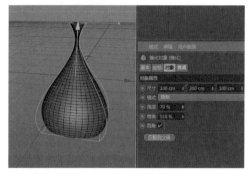

图 5.30

5 移动范围框，可以让锥化效果在不同的区域呈现，如图 5.31 所示。

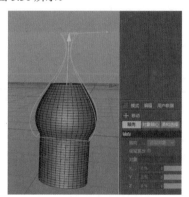

图 5.31

5.2.5 FDD

FDD 变形器可以让物体随着节点的变化进行变形。

1 新建一个球体，按住 Shift 键的同时在工具栏选择 FDD 工具。在参数面板设置 FDD 的网点值为 5×3×3，如图 5.32 所示。

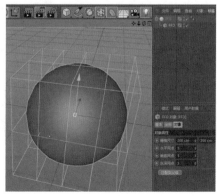

图 5.32

2 单击 按钮进入顶点次物体级别，框选 3 个顶点，如图 5.33 所示。

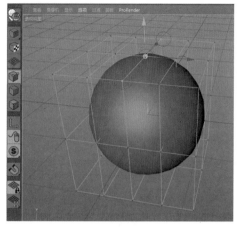

图 5.33

3 沿 Y 轴向下拖动这 3 个顶点，模型按设置进行了变形，如图 5.34 所示。

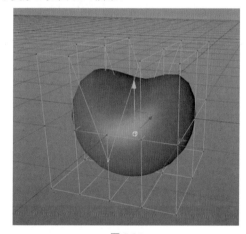

图 5.34

4 框选两排顶点，如图 5.35 所示。

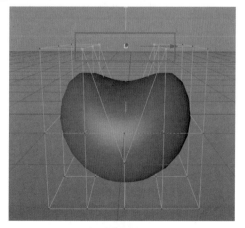

图 5.35

5 按 T 键选择"缩放"工具，沿 X 轴缩小，如图 5.36 所示。

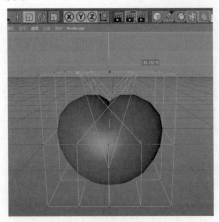

图 5.36

6 继续框选最下方的所有顶点，如图 5.37 所示，按空格键可在框选和缩放之间切换。

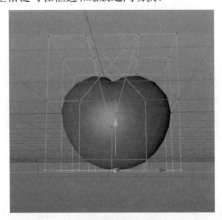

图 5.37

7 按住 Shift 键的同时拖动视图空白处（不要选择任何轴），进行等比例缩小，缩小为 0% 相当于所有点压缩为一点，如图 5.38 所示。

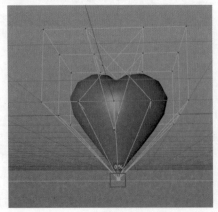

图 5.38

8 按 Shift+A 快捷键全选所有顶点，如图 5.39 所示。

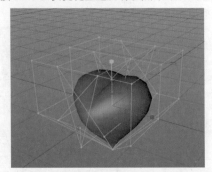

图 5.39

9 在 Z 轴对模型进行缩小，将桃心压扁，如图 5.40 所示。

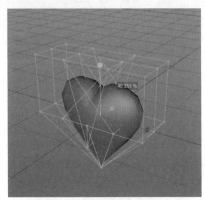

图 5.40

10 单击工具栏中的 按钮，回到模型级别，在"对象"面板选择"球体"，按住 Alt 的同时单击"曲面细分"按钮 ，给球体添加细分，如图 5.41 所示。桃心模型制作完成。

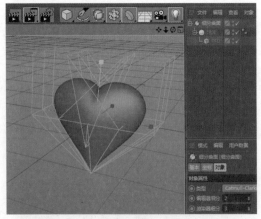

图 5.41

在使用 FDD 进行变形时，尽量不要设置太多的顶点数量，否则会让操作变得复杂，模型也得不到理想的效果。

5.2.6 网格

"网格"变形器可以让物体随着指定物体的节点的变化进行变形。

1. 新建一个球体，按住 Shift 键的同时在工具栏选择"网格"工具 ，如图 5.42 所示。

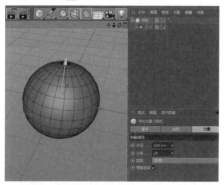

图 5.42

2. 新建一个立方体，在"对象"面板选择"网格"工具，显示网格的参数面板，将"立方体"名称拖到参数面板的"网笼"区域内，如图 5.43 所示。

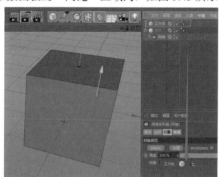

图 5.43

3. 单击"初始化"按钮，系统自动将立方体变成了透明体，这个透明体将用于控制球体的变形，如图 5.44 所示。

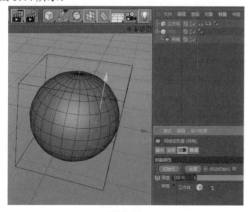

图 5.44

4. 在"对象"面板选择"立方体"，在参数面板修改立方体的长、宽，球体将跟随立方体的改变进行相应的变形，如图 5.45 所示。

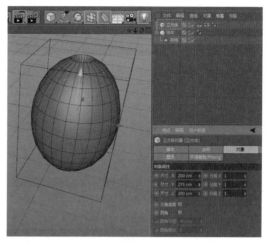

图 5.45

5. 按 C 键将立方体塌陷为可编辑多边形，进入顶点次物体级别，移动顶点，球体同样可以跟随立方体的改变而得到相应的变形，如图 5.46 所示。

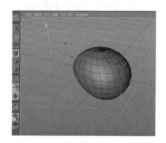

图 5.46

使用"网络"工具的好处是可以在不动用物体自身模型的前提下自由控制物体的变形。

5.2.7 融解

"融解"变形器可以让物体随着指定物体的轴向像冰淇淋融化一样进行变形。

1. 打开一个模型，如图 5.47 所示。

图 5.47

2 按住 Shift 键的同时在工具栏选择"融解"工具 ，模型产生了变形，如图 5.48 所示。默认情况下变形强度是沿着 Y 轴进行的，可以根据不同的需要进行改变。

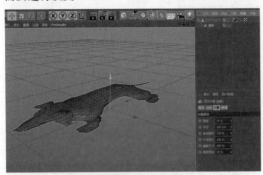

图 5.48

3 一般情况下会给这个工具的"融解尺寸"参数制作动画①，制作类似冰块融化的效果②，如图 5.49 所示。

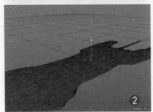

图 5.49

5.2.8　爆炸

"爆炸"变形器可以让物体以碎片形式进行裂开，碎片尺寸可以设置。

1 打开一个模型，按住 Shift 键的同时在工具栏选择"爆炸"工具 ，如图 5.50 所示。

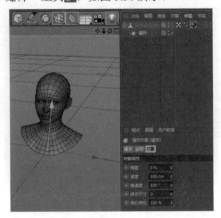

图 5.50

2 通过爆炸"强度"的设置，可以得到模型破碎的效果，如图 5.51 所示。

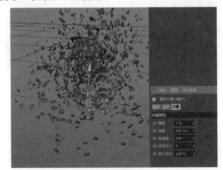

图 5.51

3 一般情况下通过控制关键帧不同的参数值来设置爆炸动画，如图 5.52 所示。

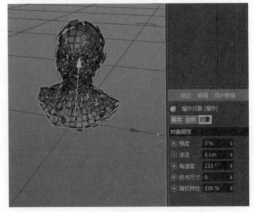

图 5.52

5.2.9　爆炸 FX

"爆炸 FX"变形器可以说是爆炸的升级版，可以让物体以带厚度碎片的形式进行裂开，碎片尺寸可以设置。

1 打开一个模型，按住 Shift 键的同时在工具栏选择"爆炸 FX"工具 ✎，如图 5.53 所示。

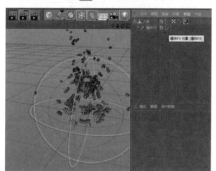

图 5.53

2 通过爆炸的时间来设置爆炸效果，这个变形器参数比较多，有重力、旋转、簇和爆炸变化等参数，"强度"可以设置爆炸力度，如图 5.54 所示。

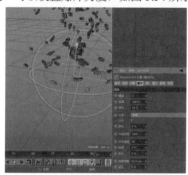

图 5.54

3 "簇"页面可以设置爆炸碎片的尺寸和厚度。"重力"页面可以设置爆炸碎片爆炸后下落速度等，如图 5.55 所示。

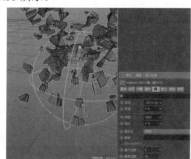

图 5.55

变形器有红、绿、蓝 3 个圆圈，代表爆炸的中心力度、衰减力度和爆炸余波范围。

5.2.10　样条约束

"样条约束"是一个比较重要的工具，约束模型沿着路径的某一轴向进行变形。

1 新建一个高度分段数比较多的圆柱体，按住 Shift 键的同时在工具栏选择"样条约束"工具 ✎，如图 5.56 所示。

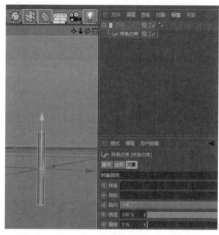

图 5.56

2 在视图中建立一条曲线，如图 5.57 所示。

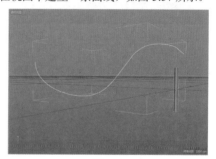

图 5.57

3 将该曲线拖到样条约束面板的"样条"栏❶，样条"轴向"选择 Y 轴❷，如图 5.58 所示。

图 5.58

4 目前的模型效果❶。在"尺寸"页面可以调整路径约束的尺寸,将尺寸最右侧的点向下拖动❷,样条约束右端变成了鼠尾状❸,如图 5.59 所示。

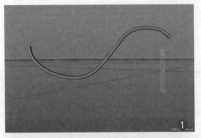

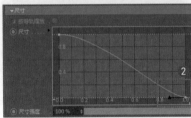

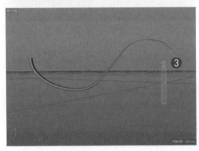

图 5.59

5 按住 Ctrl 键单击曲线图形可以在中间增加节点❶,改变节点位置可以直接调整样条约束的尺寸❷,如图 5.60 所示。

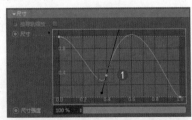

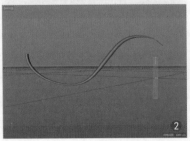

图 5.60

6 在"模式"下拉列表中选择"保持长度"选项❶,则圆柱体不会随着路径长度改变,始终保持原来的长度❷,如图 5.61 所示。

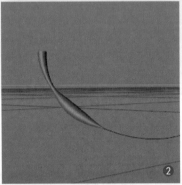

图 5.61

7 "偏移""起点"和"终点"可以改变样条约束在路径上的位置,通过给这些参数设置动画可以制作模型顺着路径运动的动画,如图 5.62 所示。

图 5.62

8 在制作光线流动的效果时,设计师经常用这种模型与发光贴图配合进行动画制作,如图 5.63 所示。

图 5.63

5.3　标签的用法

在 Cinema 4D 中有一个独特的概念，就是"标签"，它们就是"对象"面板中物体名称后方的按钮，这些按钮代表了该物体上施加的各种操作，包含有材质标签、动画标签、修改标签等。单击标签可以打开相应的参数面板进行设置，下面我们就来认识一些常用的标签。

5.3.1　标签的操作

1 在 Cinema 4D 中对物体进行一些特殊操作后（如附材质、添加动力学等），会在"对象"面板物体名称后显示相应的标签，如图 5.64 所示。

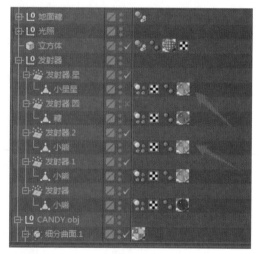

图 5.64

2 选择一个标签，就相当于进入了这个操作的当前设置状态，参数面板会出现相应的参数，可以对当前操作进行设置，如图 5.65 所示。

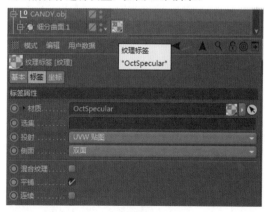

图 5.65

3 标签的前后顺序可以拖动，也可以将其拖到其他物体上，比如将一个立方体的"材质球"标签拖到一个圆柱体上，就相当于将立方体的材质属性转移到了圆柱体上。

5.3.2　标签的分类

1 在"对象"面板中选择一个物体后右击，在快捷菜单中会显示标签，如图 5.66 所示。Cinema 4D 的标签几乎都在这里呈现，选择一个标签后，这个标签就会添加到当前物体之后。

图 5.66

2 在 Cinema 4D 中，系统已经对标签进行了分类，比如动力学模拟标签、毛发标签或 UVW 标签等。如果安装了 Octane 渲染器或其他外挂插件，系统也会将这些标签进行分类显示，如图 5.67 所示。

图 5.67

3 可以通过按 Delete 键删除标签来取消这个属性，还可以按住 Ctrl 键的同时用鼠标拖动，以复制的方式将标签拖动给其他物体。

第 6 章

灯光和环境

本章导读:

    Cinema 4D 的灯光主要是模拟真实光的原理设计的, 它要求使用者对 3D 原理有一定的了解。本章通过对灯光系统的学习, 了解灯光在 Cinema 4D 中的制作原理和制作流程。通过灯光、聚光灯、区域光的学习, 了解一般通用灯光的制作方法。通过灯光和全局渲染的学习, 熟悉各种打光方法, 了解各种参数的含义, 并通过实例演示如何为场景布光。

知识点	学习目标			
	了解	理解	应用	实践
真实光理论	√	√		
自然光属性	√	√		√
聚光灯		√	√	√
区域灯光		√	√	√
Octane 灯光		√	√	√
HDRI 环境和云雾环境			√	√

6.1　真实光理论

　　灯光是制作三维图像时用于表现造型、体积和环境气氛的关键，在制作三维图像时，总希望建立的灯光能和真实世界相差无几。现实生活中，很多光照效果我们都非常熟悉，正因为如此，导致我们对灯光不是很敏感，从而也降低了在三维建模中探索和模拟真实世界光照效果的能力。下面将对真实光进行讲解，以提升大家在三维建模时成功模拟真实照明的能力。

　　灯光为我们的视觉感官提供了基本的信息，通过摄像机的镜头，使物体的三维轮廓形象易于辨认。但灯光照明的功能远不止于此，它还提供了满足视觉艺术需求的元素，它赋予场景以生命和灵性，使场景中的气氛栩栩如生。在场景中，不同的灯光效果能够激发不同的情绪影响观者的感受：快乐、悲伤、神秘、恐怖……这里面的变化是戏剧性的、微妙的。可以这么说，光线投射到物体上，为整个场景注入了浓浓的感情色彩，并且能够直观地反映到视图中。温暖柔和的灯光为画面增加了温馨的氛围，如图 6.1 所示。

图 6.2

图 6.1

　　设计、造型、表面处理、光、动画、渲染和后期处理，这些是做每个项目时都会涉及的大致流程。大多数制作人都把主要精力放在了造型方面，其他方面费的心思相对要少一些，而最容易被忽视的大概就是布光了。在场景中随意放上几盏灯，然后就完全交给软件和渲染器的渲染引擎，这样做通常会导致图像不够真实。我们的目标是创作如同照片般真实的图像，这就要求不仅要有好的造型，还要有好的贴图和好的布光。在三维场景中，模拟太阳光的效果，如图 6.2 所示。

　　当然，想要模拟太阳光，必须对自然光有所了解，了解它是如何反射、折射的，色彩是如何变化的，如何改变光线的强度等。模拟自然光要充分考虑所用光源的位置、强度和颜色。下面我们就从几个方面进行探讨。

1. 颜色

　　光的颜色取决于光源。白色光是多种颜色的有色光组成的复合光。白色光在遇到障碍物时会改变颜色，如果遇到白色的物体，反射回来的是同样的光线；如果遇到黑色的物体，所有的光，无论最初是什么颜色，都会被物体吸收不产生反射。所以当看到一个全黑的物体时，所看到的黑颜色只是因为没有光从那个方向进入到观者的眼睛。

2. 反射与折射

　　完全反射只有在反射物绝对光滑时才能实现，如图 6.3 所示。

图 6.3

现实中，不是所有的入射光线都按同一方向反射，光束中的一些光线会以其他角度反射出去，这样会大大降低反射光线的强度。

光折射时也是一样的，入射光并不是按照同方向弯曲，而是根据折射面情况被分成几组，按不同角度折射，如图 6.4 所示。

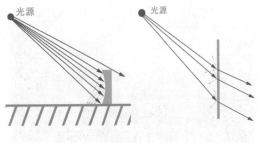

图 6.4

这种不规则的反射和折射会产生界限不清的反射光和折射光。这同样引出一个事实，即反射光源自一个点光源，而不是一个单一方向的光源。反射光的强度会衰减，且最终将消失于环境色中。

现在的 3D 软件可以支持基本的反射。任何被定义了反射特性的物体都可以找到入射光线。光线被反弹的次数受光线递归限度的控制，这可以在 Cinema 4D 软件中设置。

3. 强度衰减

光线强度随光源距离的远近和光照面积的大小而衰减。现今大多数的 3D 软件中，光线的衰减都按照线性刻度来计算，Cinema 4D 直接支持灯光衰减控制。

至此，大家对光的特性应有所了解，接下来我们再来介绍这些特性是如何来影响自然光的。

6.2　自然光属性

自然光，真实世界之光，包含无数种光线类型。我们无须研究每一种光的特征，只需深入了解太阳光的属性，能够熟练把控一天中几个重要时段光线的特性，在场景中就能自如应用了。

在户外，阳光是最根本的光源，它的颜色微微偏黄，但近看周围的物体，会发现黄颜色不是影响周围的唯一颜色。虽然太阳光是最根本的光，但在户外我们同样能发现无数种其他颜色的光。在描述光的特性时，提到过光在遇到和入射光线颜色不同的障碍物时反射光线和折射光线的颜色会发生变化。前面同样还提到了光在反射和折射时会分散。我们知道自然界中，大树是褐色和绿色的，小草是纯绿的，道路是灰色的……真实世界的光是由许许多多的颜色组成的，但是最活跃的颜色就是太阳光所反映的颜色。即使周围没有太多这样的光线，也还有其他环境光。即使是在撒哈拉沙漠，沙子的颜色也不是一成不变的，就连大气中的灰尘粒子都在反射光。

每片树叶，每块砖头，甚至人类自己都在扮演二次光源！但是，这些二次光源都完全独立于他们所反射的光的颜色和强度。如果反射物体是黑色的，它就不会反射太多的光，大部分光会被物体表面的黑色吸收，加上强度衰减，反射光的范围会缩小更多。但是，如果反射物体表面的颜色较亮，比如一堵白色的墙，那它就会在光的分布上对周围事物产生极大的影响。如图 6.5 所示，白色表面比橘色反射出的光要多得多。

图 6.5

光在一天的不同时段会呈现不同的颜色。黎明时，阳光是红色调的；日落时分，红色更加明显；二者的中间时段，阳光基本都是黄色调的。

一天之中，阴影的位置和形状也在不断发生变化。黎明时，没有基色源，我们在黎明时所看到的光都是经过大气反射的。假设有这样一个地方，那里有一些物体挡在你和太阳之间，在这种情况下，想找到一个清晰的阴影基本是不可能的。整个天空就是一个基色源，其他物体当然也在反射光，但效果不大。

正午时分，阴影就十分明显。阴影投射物和阴影接受物之间的距离决定了阴影的清晰度。阴影清晰度的变化（为了更好地说明问题，此处夸大了平面上随距离增大阴影柔和度的变化），如图 6.6 所示。

现实中，直射的阳光所造成的阴影逐渐变淡的比例要比阴影投射物和阴影接受物之间的距离增大的比例慢得多。阴影清晰度的变化比例受光源大小的影响。光源相对于物体越大，阴影柔和度的增加比例就越大。

日落时，如果物体没有直接受阳光的直射，它的阴影就会非常柔和。黎明也同样如此，整个天空作为一个大的光源，发出的光遮盖了大多数的阴影。同样，在阴影里的物体只有在离地面非常近的时候，能投射同样边缘柔和的阴影，如图 6.7 所示。

图 6.7

图 6.6

6.3 建立灯光

在 Cinema 4D 中，有 8 种类型的灯光，包括灯光、聚光灯、目标聚光灯、区域光、IES 灯、远光灯、日光和 PBR 灯光，其中灯光、聚光灯和区域光最常用，它们相互配合能获得最佳的效果。

灯光是具有穿透力的照明，即在场景中泛光灯不受任何对象的阻挡。如果将泛光灯比作一个不受任何遮挡的灯，那么聚光灯则是带着灯罩的灯。在外观上，灯光是一个点光源，而目标聚光灯分为光源点与投射点。

8 种类型的内置灯光对象，如图 6.8 所示，接下来我们重点学习灯光、聚光灯和区域光。

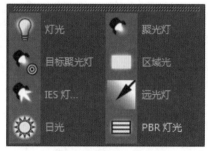

图 6.8

6.3.1 灯光

灯光也叫泛光灯，没有方向控制，均匀向四周

发散光线。它的主要作用是作为一个辅光，帮助照亮场景。优点是比较容易建立和控制，缺点是不能建立太多，否则场景对象会显得平淡而无层次。

1 在顶视图建立一个物体。

2 单击工具栏的按钮💡，在视图中建立一盏灯光。

3 将灯光移到物体右下方，产生斜射，如图 6.9 所示。

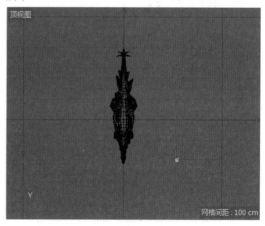

图 6.9

4 渲染透视视图，将得到一个有光照的渲染效果，如图 6.10 所示。

图 6.10

5 选择刚才建立的这盏灯光，在参数面板设置"投影"为"阴影贴图（软阴影）"，这是一种渲染速度最快的投影方式，如图 6.11 所示。

图 6.11

6 继续渲染视图，可以看到物体产生了投影效果，如图 6.12 所示。

图 6.12

7 "投影"列表中有 3 种阴影类型可选，如图 6.13 所示。其中，"阴影贴图（软阴影）"是一种渲染速度最快的投影方式；"光线跟踪（强烈）"模式适合透明反射物体的渲染；"区域"类型是一种面积阴影，效果最真实，渲染速度也最慢。

图 6.13

8 将"投影"设置为"区域"，重新渲染视图，可以看到阴影比较真实，如图 6.14 所示。

图 6.14

9 在场景中可以观察到，当"投影"设置为"区域"后，灯光上方出现了一个方框，这是灯光的范围，如图 6.15 所示。

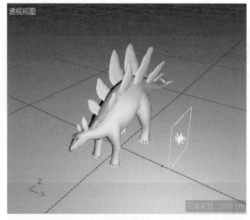

图 6.15

10 用"缩放"工具将范围框放大，如图 6.16 所示。

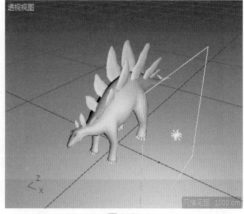

图 6.16

11 重新渲染视图，阴影产生了扩散效果，说明范围越大，照射的阴影越模糊，如图6.17所示。

图 6.17

12 单击工具栏中的"渲染设置"按钮，打开"渲染设置"对话框，单击"效果"按钮，给渲染器添加"全局光照"属性，如图6.18所示。

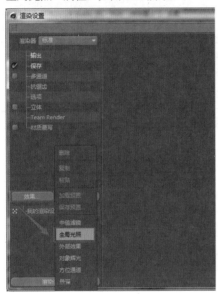

图 6.18

13 在"全局光照"页面设置"预设"为"室内-高品质（小型光源）"，这是一个适合小场景渲染的预设，如图6.19所示。

图 6.19

14 为了更好地理解全局光照，在物体周围建立几个红颜色的物体，如图6.20所示。

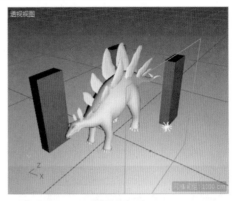

图 6.20

15 重新渲染场景，受全局光照影响，红色物体在其他物体上产生了环境色，如图6.21所示。

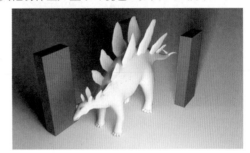

图 6.21

16 在灯光的参数面板可以调节不同的灯光颜色❶，控制画面的整体光照❷，如图6.22所示。

图 6.22

6.3.2 聚光灯

聚光灯是一种可以控制方向的灯光，类似给灯光加装了一个灯罩。

1️⃣单击工具栏的"聚光灯"按钮 🔆①，在视图中建立一盏聚光灯，使用"移动"工具和"旋转"工具让聚光灯照向物体②，如图 6.23 所示。

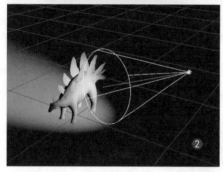

图 6.23

2️⃣在参数面板可以控制聚光灯的衰减范围，通过"内部角度"和"外部角度"来调节边缘的衰减范围，如图 6.24 所示。

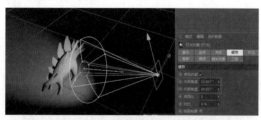

图 6.24

3️⃣当"内部角度"和"外部角度"相等时，将产生锐利的边缘，如图 6.25 所示。

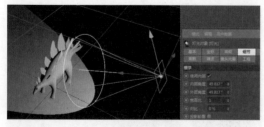

图 6.25

4️⃣不同灯光类型有很多相同的调节参数，如颜色、亮度、投影类型等，试着调整查看效果。

6.3.3 目标聚光灯

目标聚光灯和聚光灯类似，都是可以控制方向的灯光，不同之处在于它自带一个目标控制点。

1️⃣单击工具栏的"目标聚光灯"按钮 🔆①，在视图中建立一盏目标聚光灯②，如图 6.26 所示。

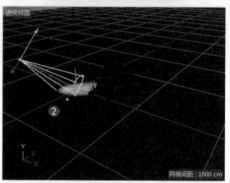

图 6.26

2️⃣在"对象"面板可以看到灯光后面自带一个"目标"标签，如图 6.27 所示。

图 6.27

3️⃣在"对象"面板单击 ◎ 标签，将被照射物体（恐龙）拖到目标标签的"目标对象"栏，如图 6.28 所示。

图 6.28

④ 此时视图中的目标聚光灯的目标点方向移动到了恐龙的方向，照向了恐龙物体的坐标点，如图6.29所示。

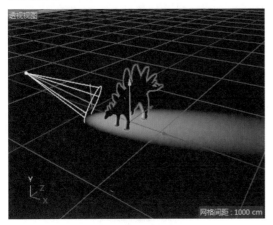

图 6.29

⑤ 无论如何移动这个灯光，该灯光的目标点始终朝向恐龙物体，如图6.30所示。

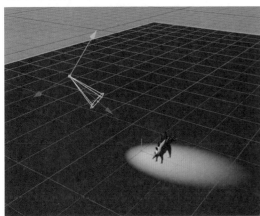

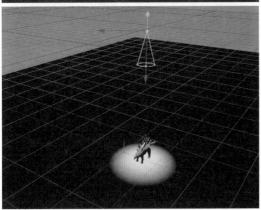

图 6.30

可以给灯光制作移动动画，让聚光灯的目标始终照向物体。目标聚光灯其他参数与聚光灯相同。

6.3.4 区域光

区域光是一种可以控制长宽尺寸的灯光，类似于 VRay 的面积光源。

① 单击工具栏中的"区域光"按钮❶，在视图中建立一盏区域光，通过拖动它的节点可以控制长宽尺寸❷，如图6.31所示。

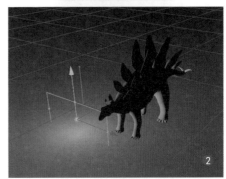

图 6.31

② 在参数面板选择灯光的"投影"类型❶，渲染视图，默认情况下都能产生真实的光照效果❷，如图6.32所示。

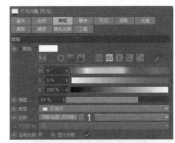

图 6.32

6.4 灯光练习

下面通过两个具体实例练习灯光的使用，帮助大家熟练掌握灯光的使用方法。

6.4.1 燃气灶火焰

本例将利用聚光灯的衰减属性制作火焰；设置灯光的放射性克隆模式制作燃气灶火焰效果。

工程：材质文件\F\017

1 打开场景文件。在工具栏的"灯光"组中单击"聚光灯"按钮，如图 6.33 所示，在视图中建立灯光。

图 6.33

2 在"对象"面板设置"类型"为"圆形平行聚光灯"，如图 6.34 所示。

图 6.34

3 设置灯光为"可见"❶，并设置灯光参数❷，如图 6.35 所示。

图 6.35

4 设置灯光的"内部半径"和"外部半径"参数，如图 6.36 所示。

图 6.36

5 设置灯光的"衰减"参数❶，设置灯光的"颜色"为渐变色（蓝色火苗）❷，如图 6.37 所示。

图 6.37

6 确认灯光为当前选择状态，按住 Ctrl 键的同时依次选择主菜单中的"运动图形">"克隆"命令，给灯光添加克隆❶。设置克隆"模式"为"放射"❷，设置克隆"半径"和"数量"等（燃气灶的火苗数量、半径、坐标等参数）❸，如图 6.38 所示。

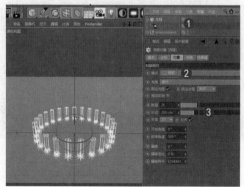

图 6.38

⑦渲染视图，最终效果如图6.39所示。

图 6.39

6.4.2 焦散效果

本例将利用折射颜色控制玻璃的透明度，通过渲染设置控制灯光的焦散。　🔘 工程：材质文件\L\013

①打开场景文件。在"灯光"组单击"目标聚光灯"按钮❶，在视图中建立灯光。将灯光目标点放到镯子上，让灯光照亮镯子❷，如图6.40所示。

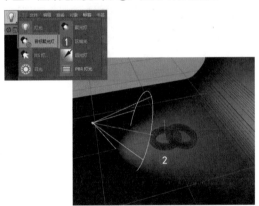

图 6.40

②新建一个默认材质，设置"折射率"（水晶的折射率）❶，再设置"吸收颜色"（玻璃的颜色）和"吸收距离"（通透度）❷，如图6.41所示。

图 6.41

③设置"类型"为"反射（传统）"，如图6.42所示。

图 6.42

④设置"层颜色"的"纹理"为"菲涅尔（Fresnel）"贴图，如图6.43所示。

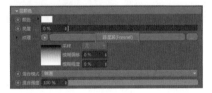

图 6.43

⑤设置"渐变"（产生真实反射），如图6.44所示。

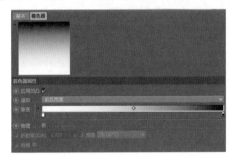

图 6.44

⑥在"对象"面板设置灯光的"投影"模式，如图6.45所示。

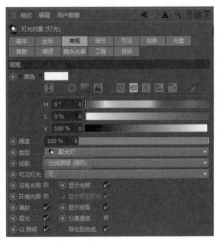

图 6.45

7 设置"焦散"的"能量"和"光子"参数（值越大焦散越强烈），如图6.46所示。

图 6.46

8 在"渲染设置"对话框添加"焦散"属性，设置焦散的"强度"，如图6.47所示。

9 渲染视图，手镯在桌面产生了焦散效果，如图6.48所示。

图 6.47

图 6.48

6.5 Octane渲染器灯光

在 Cinema 4D 中，如果安装了 Octane 渲染器，系统会单独有一组 Octane 灯光，包含区域光、目标区域光和 IES 灯光 3 种类型，其中区域光类似于 Cinema 4D 内置灯光的区域光，目标区域光类似目标聚光灯，IES 灯光是一种可添加 IES 文件的光斑灯光。

Octane 渲染器中包含有 3 种灯光类型，相关的选项位于 Octane 渲染器面板的"对象"菜单中，如图6.49所示。

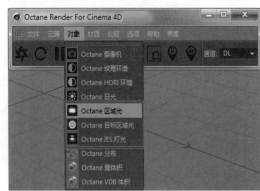

图 6.49

Octane 渲染器的灯光建立方法与默认灯光建立方法相同，这里不再赘述，具体用法参见本章的案例部分。

6.5.1 玻璃物体布光

本例给玻璃物体建立真实的场景布光，这种布光方法在摄影棚经常用到。制作方法是利用弧形面片产生无缝背景；设置灯光贴图为渐变，产生柔和的照明效果；在玻璃物体周围放置黑色反光板，使玻璃物体的边缘产生变化。　工程：材质文件\L\001

1 打开场景文件。在场景中事先给瓶子搭建了一个弧形背景，如图6.50所示。

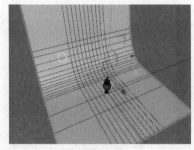

图 6.50

2 在瓶子两侧建立黑色面片（玻璃可反射黑色），如图 6.51 所示。

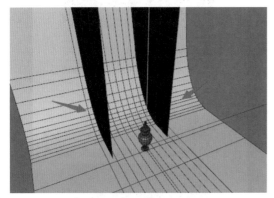

图 6.51

3 在瓶子顶部放置一个黑色面片（玻璃瓶顶部的反射），如图 6.52 所示。

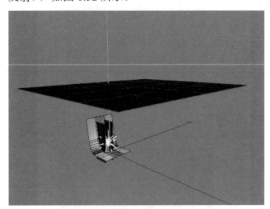

图 6.52

4 建立一个 Octane 区域光，照亮背景，如图 6.53 所示。

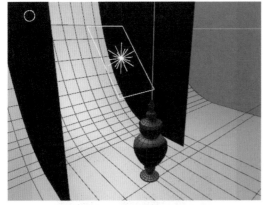

图 6.53

5 勾选"漫射可见"选项（产生背光）❶，设置灯光"纹理"贴图为"渐变"❷，如图 6.54 所示。

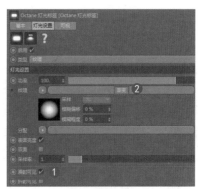

图 6.54

6 设置渐变模式为黑白❶，设置渐变类型为"二维 - 圆形"（背景产生圆形渐变）❷，如图 6.55 所示。

图 6.55

7 建立一盏 Octane 区域光，照亮玻璃瓶，如图 6.56 所示。

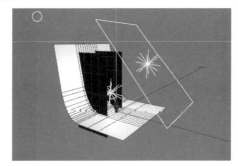

图 6.56

8 设置灯光"功率"❶，设置"纹理"贴图为"渐变"❷，如图 6.57 所示。

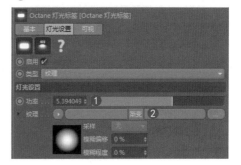

图 6.57

9 设置渐变模式为黑白❶，渐变"类型"为"二维 - 圆形"❷，如图 6.58 所示。

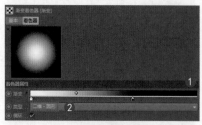

图 6.58

10 取消勾选"折射可见"（玻璃上不会反射出灯光的影像），如图 6.59 所示。

图 6.59

11 渲染视图，玻璃物体的边缘产生了反射效果，如图 6.60 所示，这是一种标准的透明体布光方法，希望大家能够熟练掌握。

图 6.60

6.5.2 电子产品布光

本例给电子产品进行场景布光，这种物体表面为塑料材质的布光方法属于"多点布光控制"，使用区域光产生灯光渐变。

🔘 工程：材质文件\L\002

1 打开本例场景文件。新建一个 OctaneSky ❶，设置天空的 HDR 贴图❷，设置"强度"为 0（产生没有系统默认光的纯黑照明）❸，如图 6.61 所示。

图 6.61

2 新建一盏 Octane 区域光，如图 6.62 所示。

图 6.62

3 设置灯光"功率"（微弱一些）❶，勾选"漫射可见"和"折射可见"❷，设置"透明度"为 0（灯光自身在场景中不被渲染）❸，如图 6.63 所示。

图 6.63

4 此时的光照效果为右上角产生渐变照明，如图 6.64 所示。

图 6.64

5 在左边新建一盏灯光，如图 6.65 所示。

图 6.65

6 调整灯光照明，产生左轮廓光，如图 6.66 所示。

图 6.66

7 在产品左上方新建一盏灯光，如图 6.67 所示。

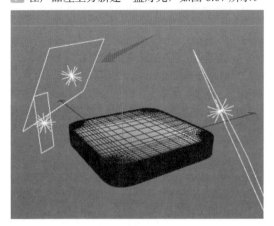

图 6.67

8 调整灯光功率，产生左上角的渐变光效果，如图 6.68 所示。

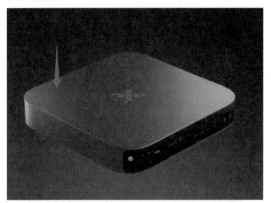

图 6.68

9 在产品前方新建一盏灯光，如图 6.69 所示。

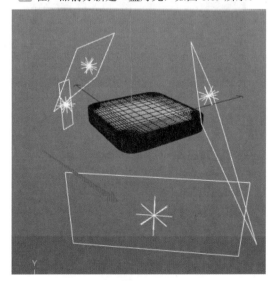

图 6.69

10 调整灯光功率，产生前方的结构光，如图 6.70 所示。

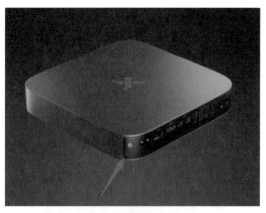

图 6.70

11 在产品棱角处分别新建 3 盏灯光，如图 6.71 所示。

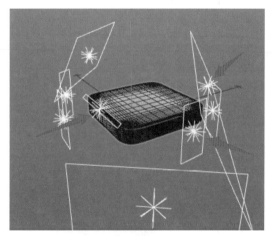

图 6.71

12 调整灯光照明，产生棱角的结构光，本例布光完成，最终效果如图 6.72 所示。

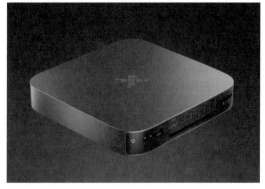

图 6.72

6.6 环境

在 Cinema 4D 中，默认的环境工具有 12 个，常用的是地面、天空、环境和物理天空。地面可以产生无限远的平面；天空可以贴 HDRI 贴图，产生真实的环境效果；物理天空是用时区的方式模拟地球上的任意地点、任意时间的光照；环境则可以模拟简单的背景和雾效。

软件内置的环境工具，如图 6.73 所示。

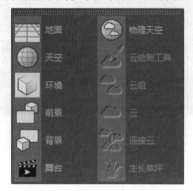

图 6.73

Octane 渲染器的环境工具在 Octane 面板的"对象"菜单中，如图 6.74 所示。下面我们将内置环境工具和 Octane 渲染器的环境工具放在一起讲解。

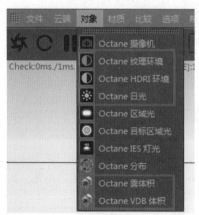

图 6.74

Octane 渲染器的环境工具中，"Octane 纹理环境"主要用于加载背景颜色和贴图，"Octane HDRI 环境"用 HDRI 贴图来模拟真实光照，"Octane 日光"可以模拟真实天空照明（类似内置环境的物理天空），"Octane 雾体积"和"Octane VDB 体积"用于模拟烟雾云朵。

这里要强调的是，Octane 渲染器的环境工具可以在场景中没有灯光的状态下产生照明效果，这也是 Octane 环境的一大特点。

6.6.1 内置 HDRI 环境布光

本例将利用天空物体添加 HDRI 贴图产生真实光照效果；设置合成标签可以让背景消失；设置 Gamma 值让整体画面亮度增强。 工程：材质文件\L\005

1 打开本例场景文件（这是一个面包机模型）❶。默认渲染效果没有任何光照❷，如图 6.75 所示。

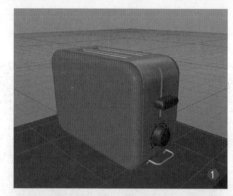

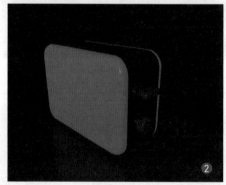

图 6.75

2 单击工具栏中的"天空"按钮，建立一个天空物体，如图 6.76 所示。

图 6.76

③ 新建一个默认材质，如图 6.77 所示。

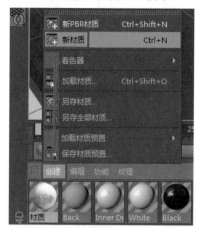

图 6.77

④ 设置"发光"通道为 HDRI 贴图，如图 6.78 所示。

图 6.78

⑤ 将材质赋给天空物体，如图 6.79 所示。

图 6.79

⑥ 此时的渲染效果产生了 HDRI 照明，如图 6.80 所示。

图 6.80

⑦ 给天空物体设置一个"合成"标签，如图 6.81 所示。

图 6.81

⑧ 关闭"摄像机可见"属性，如图 6.82 所示。

图 6.82

⑨ 此时的 HDRI 照明渲染中去掉了背景，如图 6.83 所示。

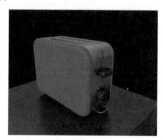

图 6.83

⑩ 打开"渲染设置"对话框，设置"渲染器"为"物理"渲染器❶，添加"全局光照"和"环境吸收"，设置渲染"预设"为"室内 - 高品质"❷，如图 6.84 所示。

图 6.84

11 此时的渲染材质效果更加逼真，画面更细腻，如图 6.85 所示。

图 6.85

12 增大 Gamma 值（增强画面整体亮度），如图 6.86 所示。

图 6.86

13 此时的渲染效果中，得到了背景 HDRI 贴图产生的照明效果，如图 6.87 所示。

图 6.87

6.6.2 夜景环境布光

本例将利用天空预置设置夜色；设置自发光材质制作月色；利用灯光的衰减制作亭子和船舱内的光晕。

🔘 工程：材质文件\L\007

1 打开场景文件（一个低多边形场景），如图 6.88 所示。

图 6.88

2 建立一个"物理天空"①，设置物理天空的元素（产生天空、太阳、大气等）②，如图 6.89 所示。

图 6.89

3 载入天空预置（夜晚）①，新建一个默认材质，设置"发光"通道的"颜色"（月色）②，如图 6.90 所示。

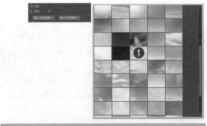

图 6.90

4 设置"亮度"值❶，将材质赋给月亮物体（产生自发光月色）❷，如图6.91所示。

图6.91

5 在亭子内新建一盏泛光灯，如图6.92所示。

图6.92

6 设置灯光"颜色"（暖色）❶，设置灯光"强度"和"可见灯光"属性（可见到光晕）❷，如图6.93所示。

图6.93

7 设置"衰减"属性，让灯光照射在亭子范围即可，如图6.94所示。

图6.94

8 在船舱内新建一盏泛光灯，如图6.95所示。

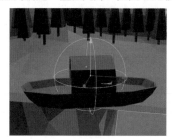

图6.95

9 设置灯光"颜色"（暖色）❶，设置灯光"强度"和"可见灯光"属性（可见到光晕）❷，设置"衰减"属性❸，让灯光照射在船舱范围即可，如图6.96所示。

图6.96

⑩渲染视图，产生夜晚照明效果，如图 6.97 所示。

图 6.97

⑪改变天空预置，可以产生不同的天光照明效果，如图 6.98 所示。

图 6.98

6.6.3 迷雾效果

本例将利用物理天空元素产生天空和大气层效果；设置"天空"和"太阳"属性表现迷雾效果。

🔘 工程：材质文件\L\014

①打开场景文件（一个山地场景）❶，建立一个"物理天空"❷，如图 6.99 所示。

图 6.99

②设置物理天空的元素（产生天空和大气层效果）❶，设置天空属性❷，如图 6.100 所示。

图 6.100

③设置"太阳"属性❶，最终渲染效果中产生了迷雾❷，如图 6.101 所示。

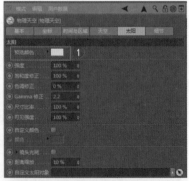

图 6.101

6.7 云雾效果

在 Cinema 4D 中，云雾效果有多种制作方案，可以使用软件内置的云朵特效，可以使用物理天空中的天气云朵设置，还可以使用 Octane 的云朵，这里我们介绍两种相对简单的方法。

6.7.1 粒子云朵

本例将利用体积描绘器生成云朵；设置云朵材质；将粒子几何体与矩阵和模型联合使用，最终效果如图 6.102 所示。

⚫工程：材质文件\M\058

图 6.102

1️⃣ 新建一个环境物体❶。在"材质编辑器"中新建一个"PyroCluster- 体积描绘器"❷，如图 6.103 所示。

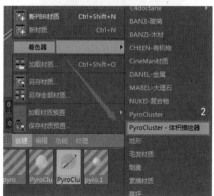

图 6.103

2️⃣ 将"PyroCluster- 体积描绘器"赋给环境物体❶，设置云朵形状。新建一个"粒子几何体"❷，设置粒子几何体对象为"子级群组"❸，如图 6.104 所示。

图 6.104

3️⃣ 在"材质球"面板的菜单栏依次单击"创建" > "着色器" > "PyroCluster"命令，新建一个"PyroCluster 材质球"，如图 6.105 所示。

图 6.105

4 分别设置"全局"（云朵的大小）❶、"形状"（球体尺寸）❷、"光照"（产生体积质感）❸、"投影"（阴影颜色和其他效果）参数❹，如图 6.106 所示。

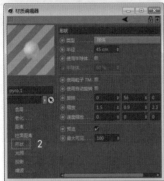

图 6.106

5 将该材质赋给粒子几何体，渲染测试效果，如图 6.107 所示。

图 6.107

6 设置"噪波"（云朵的湍流效果），如图 6.108 所示。

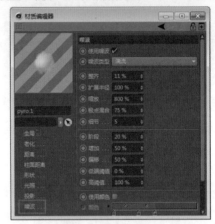

图 6.108

7 新建一个矩阵物体❶，设置"模式"为"对象"，"生成"方式为"Thinking Particles"（思想粒子）❷。将要生成云朵形状的模型（圆环模型）拖到"对象"通道❸，并设置云朵产生的"数量"❹，如图 6.109 所示。

图 6.109

8 云朵的测试效果：云朵在圆环上产生❶，不同模型的生成效果❷，云朵数量和尺寸变化的效果❸，如图6.110所示。

图6.110

6.7.2 Octane 体积云

本例将利用Octane VDB体积制作云朵；设置云朵的材质；设置不同的云朵效果。

🌀 工程：材质文件\M\059

1 打开场景文件（材质已经设置完成）❶，建立一个Octane VDB体积（云朵物体）❷，如图6.111所示。

图6.111

2 调整云朵的位置和大小❶，设置云朵"类型"❷，如图6.112所示。

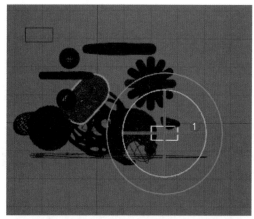

图6.112

3 设置云朵的预置文件（不同预置产生不同云朵）和"导入单位"（弗隆）❶，设置云朵的材质为"体积介质"（产生体积云）❷，如图6.113所示。

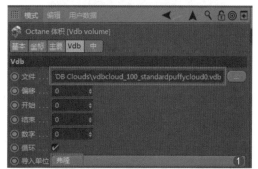

图6.113

4 设置云朵的"密度"（决定透明度）和"体积步长"❶，设置吸收为 RGB 颜色（乳白色）❷，设置散射为 RGB 颜色（粉色）❸，如图 6.114 所示。

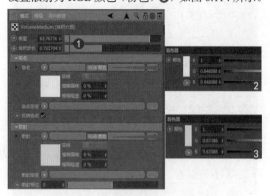

图 6.114

5 此时的云朵渲染效果，如图 6.115 所示。

图 6.115

6 复制一个云朵体积，设置颜色为紫色❶，紫色云朵渲染测试效果❷，如图 6.116 所示。

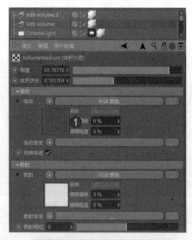

图 6.116

7 两朵云放置在不同位置的渲染效果，如图 6.117 所示。

图 6.117

8 重新设置"体积步长"（缩小则颗粒变小）❶，此时的云朵渲染效果❷，如图 6.118 所示。

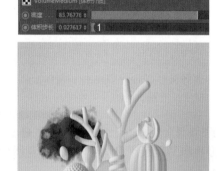

图 6.118

第 ⑦ 章

材质

本章导读:

    材质能够真实描述物体的外观,在 Cinema 4D 中可以通过"材质编辑器"创建和编辑材质。本章将重点介绍"材质编辑器"在材质编辑过程中的重要功能,并通过实例介绍各种材质类型、材质通道以及贴图效果的制作方法。

知识点	学习目标			
	了解	理解	应用	实践
材质编辑器		√	√	√
"材质球"面板		√	√	√
编辑材质		√	√	√
玻璃、透明材质			√	√
金属、反射材质			√	√
贴图 UV 调整			√	√
参数化贴图			√	√
布料、皮革材质			√	√
树叶、木纹、海水材质			√	√

7.1 材质编辑器简介

"材质编辑器"是 Cinema 4D 软件中一个非常强大的模块,所有的材质都在这个编辑器中进行制作。材质是某种物质在一定光照条件下产生的反光度、透明度、色彩及纹理的光学效果。在 Cinema 4D 中,所有模型的表面都要按真实三维空间中的物体加以装饰,才能达到生动逼真的视觉效果。

"材质编辑器"提供创建和编辑材质以及贴图的功能。材质能使场景更具真实感,它能详细描述对象如何反射或透射灯光。材质属性与灯光属性相辅相成,明暗处理或渲染将两者合并,用于模拟对象在真实世界中的状态。可以将材质应用到单个对象或选择集,一个场景可以包含许多不同的材质。在 Cinema 4D 中,有以下两个"材质编辑器"界面:

"材质球"面板:用于对材质球进行管理,如图 7.1 所示。

图 7.1

材质编辑器:用于对材质进行编辑,如图 7.2 所示。"材质编辑器"左上角是材质预览框,用于对材质效果的预览。左侧是材质通道,选择相应的材质通道,右侧的参数面板会显示相应的参数,可以对具体的参数进行编辑。

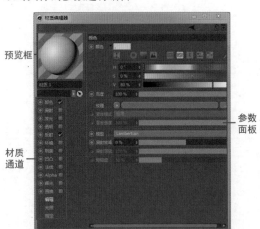

图 7.2

7.1.1 新建材质

1 新建一个立方体,用这个立方体作为材质练习,如图 7.3 所示。

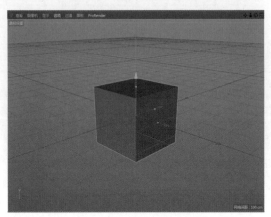

图 7.3

2 新建材质的方法有 3 种,一种是双击"材质球"面板的空白区域,新建一个默认材质球,如图 7.4 所示。

图 7.4

3 第二种方法是在"材质编辑器"面板中菜单栏中执行"创建">"新材质"命令,如图 7.5 所示。

图 7.5

4 第三种方法是单击"材质编辑器"面板的空白位置,然后按快捷键 Ctrl+N。

5 双击材质球下方的名称,对其重命名为"材质练习",如图 7.6 所示,注意要养成给材质命名的好习惯。

图 7.6

6 将材质赋给对象有 3 种方法，第一种是拖曳材质球将其赋给物体。将"材质练习"材质拖到视图的立方体对象上，这样该材质就赋给了立方体对象，如图 7.7 所示。

图 7.7

7 第二种方法是将材质球拖到"对象"面板的"立方体"名称上，此时"立方体"名称后面多了一个"材质"标签 ，如图 7.8 所示。

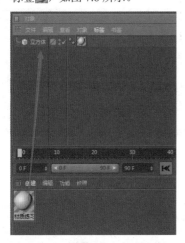

图 7.8

8 第三种方法是在立方体选中的状态下，选择材质球，然后在"材质编辑器"面板的菜单中执行"材质">"应用"命令，如图 7.9 所示。

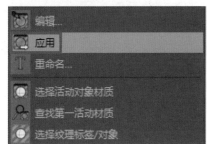

图 7.9

7.1.2 编辑材质

1 编辑材质。双击材质球，打开"材质编辑器"对话框，如图 7.10 所示。

图 7.10

2 在"颜色"通道设置颜色为蓝色，如图 7.11 所示。

图 7.11

3 在"反射"通道设置参数，产生反射效果，如图 7.12 所示。

图 7.12

4 在"透明"通道设置"亮度"为 90%，产生透明效果，如图 7.13 所示。

图 7.13

7.1.3 渲染材质效果

1按 Ctrl+R 快捷键或单击工具栏中的按钮，渲染场景，可以看到默认情况下场景一片漆黑②，如图 7.14 所示。因为没有任何环境设置，所以在默认的纯黑色背景下场景也是纯黑色。

图 7.14

2建立环境。单击工具栏中的"天空"按钮，如图 7.15 所示，建立一个天空球，这个天空球是不可见的，仅在"对象"面板显示，如图 7.16 所示。

图 7.15

图 7.16

3在"材质球"面板按 Ctrl+N 快捷键，新建一个材质球，如图 7.17 所示，接下来给天空设置贴图。

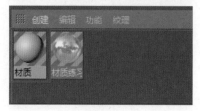

图 7.17

4双击该材质球，打开"材质编辑器"，取消勾选除"发光"外的所有通道前面的复选框，如图 7.18 所示，这样该材质就只有发光属性了。

图 7.18

5在"对象"面板打开"内容浏览器"页面①，选择本例预置的 HDRI 贴图②，将该贴图拖到"纹理"通道中（简易赋贴图）③，如图 7.19 所示。

图 7.19

6将该材质球拖到"对象"面板的"天空"物体上，如图 7.20 所示。

图 7.20

HDRI 是高动态范围图像（High Dynamic Range Image）的缩写，它是一种比低动态范围图像包含更多颜色信息的特殊的图像格式。HDRI 图像包含 32 位颜色信息，而 LDRI 只包含 8 位，这一点在调节图像的亮度时尤为重要。

7 这样就完成了天空的材质制作。重新渲染视图，立方体反射出天空的效果（为了得到较好的反射，给立方体添加了圆角），如图7.21所示。

图 7.21

8 要取消立方体的材质，可以在"对象"面板的"立方体"后面将材质标签删除，如图7.22所示。

图 7.22

9 材质标签使用起来很方便，可以拖动这个标签放到其他物体上，如图7.23所示，这样该材质就从立方体移动到其他物体上。

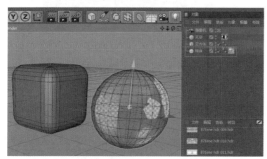

图 7.23

10 按住 Ctrl 键的同时拖动这个标签，可以将材质球复制到其他物体上，如图7.24所示。

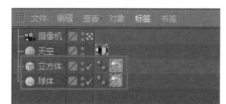

图 7.24

11 如果将材质球放到群组上，如图7.25所示，则该群组下面的所有物体都拥有这个材质属性。

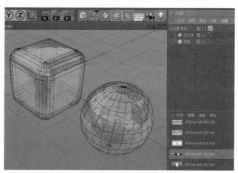

图 7.25

12 想将物体的材质替换成其他材质也很容易，只要将新的材质球拖到旧的材质球上即可，如图7.26所示。

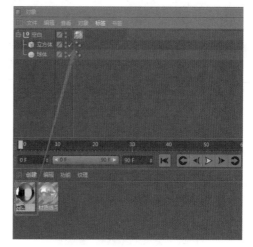

图 7.26

13 材质球可以单独保存❶，也可以一次将场景中的所有材质球全部保存❷，方便以后调取，如图7.27所示。

图 7.27

7.2 贴图坐标

贴图坐标又称 UV 坐标，在贴图中 XYZ 轴向用 UVW 来表示，就是通过轴向对贴图进行对位调整。在 Cinema 4D 中，贴图坐标的设置方法主要有 3 种，分别是材质球标签设置、纹理模式调节和在 UV 面板中进行 UV 展开（本节仅介绍前两种方法，UV 展开将在后面的大案例中讲解）。

7.2.1 材质球标签调节贴图坐标

下面通过案例具体讲解贴图坐标操作。

1. 建立一个立方体，设置"分段"数和"尺寸"，如图 7.28 所示。按 C 键将其塌陷为可编辑多边形。

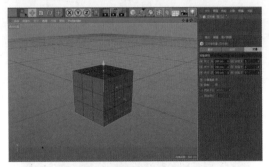

图 7.28

2. 双击"材质球"面板的空白处，新建一个空白材质样本球，如图 7.29 所示。

图 7.29

3. 双击该材质球，打开"材质编辑器"，如图 7.30 所示，下面将在这里进行贴图设置。

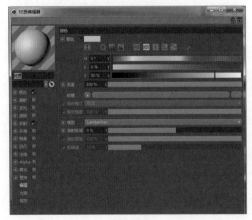

图 7.30

4. 在"颜色"通道单击"纹理"右侧的按钮■①，在展开的列表中选择"加载图像"选项②，如图 7.31 所示。

图 7.31

5. 在弹出的资源浏览器中选择一幅图片①。将材质球拖到视图的立方体模型上，立方体模型显示贴图效果，默认情况下立方体的四面都会产生贴图②，如图 7.32 所示。

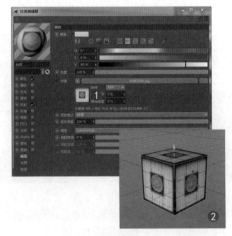

图 7.32

6. 此时"对象"面板中"立方体"名称后方出现了"材质"标签，如图 7.33 所示。

图 7.33

7 选择"材质"标签 1，在参数面板可以看到默认情况下材质的"投射"方式为"UVW 贴图" 2，如图 7.34 所示。

图 7.34

8 将材质的"投射"方式改为"平直" 1，立方体一面产生了贴图，其他区域都被拉伸 2，如图 7.35 所示。

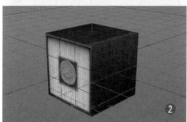

图 7.35

9 修改"偏移""长度"和"平铺"的值 1，贴图发生了变化 2，如图 7.36 所示。

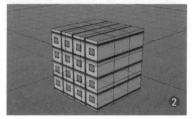

图 7.36

10 取消勾选"平铺"复选框 1，可以看到贴图的连续纹理消失了 2，如图 7.37 所示。

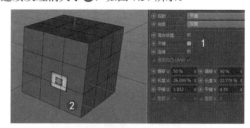

图 7.37

11 在"坐标"页面调整"旋转"参数 1，可以对贴图进行角度调节 2，如图 7.38 所示。

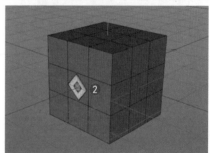

图 7.38

12 调整"位置"参数 1，同样可以改变贴图的位置 2，如图 7.39 所示。

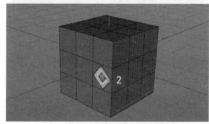

图 7.39

　　使用材质标签进行物体的贴图编辑非常便捷，可以轻松得到贴图效果。Cinema 4D 的附贴图和编辑贴图最方便的地方在于可以同时在一个物体上对多个材质球进行贴图坐标编辑。

13 选择立方体，按 C 键将其转换成为编辑多边形，进入多边形次物体级别，选择立方体的面，如图 7.40 所示。

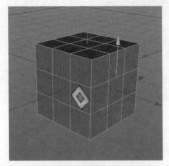

图 7.40

14 在"材质球"面板按住 Ctrl 键的同时拖动刚才制作的材质球，复制一个相同的材质，如图 7.41 所示。

图 7.41

15 将新复制的材质球的贴图改为另一幅贴图，如图 7.42 所示。

图 7.42

16 将材质球拖到刚才选择的多边形上，可以看到被选择的多边形上产生了贴图，如图 7.43 所示。

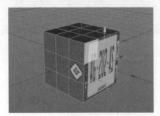

图 7.43

17 在"对象"面板中可以看到"立方体"后方出现了两个材质球标签，如图 7.44 所示。可以分别对这两个标签进行贴图坐标编辑。

图 7.44

18 单击材质标签❶，在参数面板调整"偏移"和"长度"参数❷，可以随意控制贴图的位置❷，如图 7.45 所示。

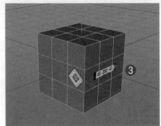

图 7.45

19 在标签上右击，在快捷菜单中选择"适合对象"选项❶，将贴图尺寸适配到模型上❷，如图 7.46 所示。

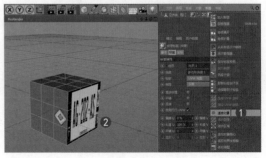

图 7.46

⑳ 继续在材质球标签上右击，在弹出的快捷菜单中选择"适合区域"选项❶，在正交视图中框选一块区域，将贴图放置到这个框选的区域中❷，如图 7.47 所示。

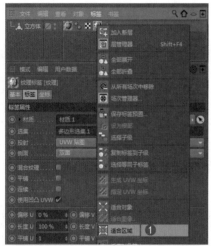

图 7.47

㉑ 要想让该贴图比例正确，继续右击材质球标签，在弹出的快捷菜单中选择"适合图像"选项❶，在弹出的文件夹中选择这个贴图即可，贴图比例就正确显示了❷，如图 7.48 所示。

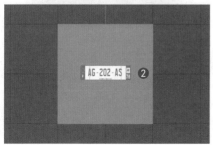

图 7.48

7.2.2 纹理模式调节贴图坐标

用纹理模式调节贴图坐标是一种全新的设置方法，可以通过纹理框直观地调整贴图的位置。下面我们用案例来讲解纹理模式。

① 继续使用刚才的立方体案例，先选择立方体，然后单击按钮进入纹理模式，如图 7.49 所示。

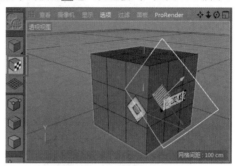

图 7.49

② 在纹理模式中单击"立方体"后面不同的材质球，可以看到不同的黄色贴图坐标框，如图 7.50 所示。

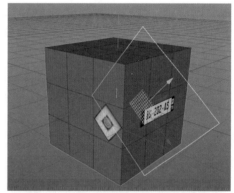

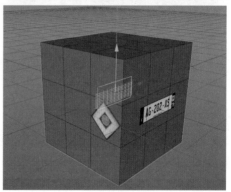

图 7.50

③ 拖动贴图坐标框，可以看到相应的贴图位移，可以对这个坐标框进行移动、旋转和缩放，可以实时观察调整的效果。设置完成后再次单击按钮退出纹理模式。

7.3 材质制作

本节学习几个重要的材质制作案例，通过案例的具体操作带领大家熟悉 Cinema 4D 的材质制作，并掌握玻璃、反射、划痕、凹凸、透明质感的表现。

7.3.1 制作平板玻璃材质

本例将利用反射来控制玻璃的表面；设置折射率来表现玻璃的透明度；用轻微的凹凸贴图表现平板玻璃的随机表面，最终完成效果如图 7.51 所示。

🔵 工程：材质文件\B\001

图 7.51

1 新建一个材质样本球，在"颜色"通道设置玻璃颜色为灰色**①**，在"透明"通道设置玻璃"折射率"为 1.5（这是通透玻璃的标准折射率）**②**，如图 7.52 所示。

图 7.52

2 在"反射"通道设置玻璃的"反射强度"和"粗糙度"（目的是让玻璃粗糙一些，现实生活中的玻璃也不是完全光滑的）**①**。在"凹凸"通道设置"纹理"为"噪波"贴图**②**，设置凹凸"强度"为 1%**③**，如图 7.53 所示。

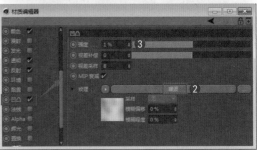

图 7.53

3 设置噪波贴图参数**①**，噪波斑纹设置得非常大，目的是要模拟平板玻璃表面微弱的起伏，因为制造工艺的原因，平板玻璃通常不会超级平展，所以略微的起伏能让玻璃效果更接近现实生活中的情景。最终玻璃渲染效果**②**，如图 7.54 所示。

图 7.54

7.3.2 制作玻璃上的划痕

本例将利用折射和反射参数来控制玻璃的透明度；设置玻璃划痕和玻璃上的指纹（Alpha）贴图表现玻璃上的痕迹，最终完成的效果如图 7.55 所示。

工程：材质文件\B\009

图 7.55

1 设置玻璃材质。新建一个默认材质球，在"颜色"通道设置玻璃颜色为灰色**1**，在"透明"通道设置玻璃"折射率"为 1.3 **2**，如图 7.56 所示。

图 7.56

2 在"反射"通道设置反射"类型"为"反射（传统）"**1**。再切换到"Default Specular"面板设置玻璃高光参数**2**，如图 7.57 所示。

图 7.57

这是标准的玻璃体制作方案，类似制作服装时制作了一个服装样板，其余的变化都在这个样板的基础上发展而来。如制作玻璃上的划痕和脏迹，首先要有玻璃原型，然后在这个原型的基础上进行划痕叠加。

3 新建一个材质球，制作划痕的材质。在"颜色"通道设置玻璃"纹理"为 Noise（噪波）贴图**1**，然后设置 Noise 贴图参数**2**，如图 7.58 所示。

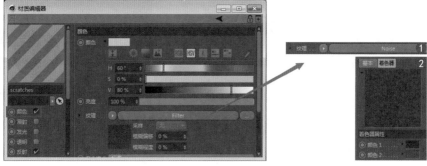

图 7.58

4 在"凹凸"通道设置"纹理"为划痕纹理贴图，如图 7.59所示。合理使用裂纹贴图可让反射内部产生冰裂纹理，这种冰裂效果隐藏在玻璃反射层以下，显得很真实。

图 7.59

5 同样，在"Alpha"通道设置"纹理"为划痕纹理贴图，如图7.60 所示。

图 7.60

6 新建材质（指纹），设置"透明"通道的参数**①**，再设置"Alpha"通道的"纹理"为指纹纹理贴图**②**，如图7.61 所示。

图 7.61

7 将玻璃材质、划痕材质、指纹材质都赋给玻璃物体**①**。Cinema 4D 的贴图特性可以叠加，这与 3ds Max 等软件不同，叠加时系统会甄别贴图是否有透明属性，本例的划痕和指纹都是镂空材质，所以都会叠加在玻璃体之上。最终渲染效果**②**，如图 7.62所示。

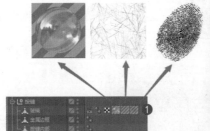

图 7.62

7.3.3 制作裂纹陶瓷材质

　　本例将利用"环境吸收"设置陶瓷绿色渐变表面；设置混合裂纹图层模拟陶瓷表面的裂纹。完成后的效果如图 7.63 所示。

[工程：材质文件\T\082]

1▶新建一个默认材质，设置"颜色"通道的"纹理"为"图层"，如图 7.64 所示。图层贴图的好处是它就像一个 Photoshop 的图层管理器，可以在里面添加无数层贴图，然后给每个贴图设置叠加属性，就像 Photoshop 的通道一样好用。

图 7.63

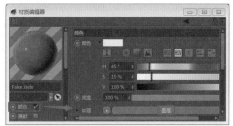

图 7.64

2▶进入第 1 步添加的"图层"面板，添加"环境吸收"，设置"着色器"为黄绿色渐变，设置"混合模式"为"正常"❶。在"图层"面板继续添加"菲涅耳"，设置菲涅耳渐变，设置"混合模式"为"减淡"❷。继续添加图像纹理，设置裂纹贴图，设置"混合模式"为"正片叠底"❸，如图 7.65 所示。

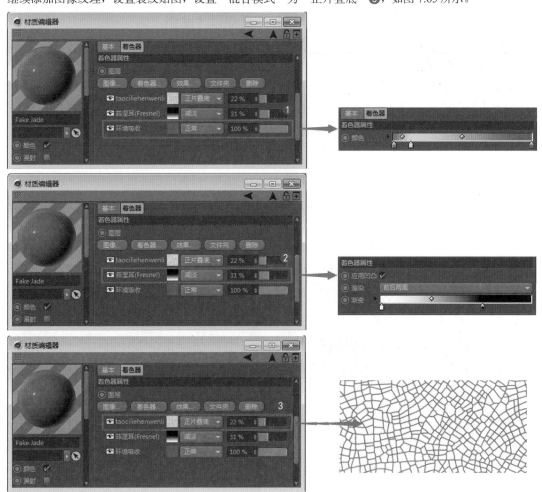

图 7.65

3 在"透明"通道设置透明通道的"折射率预设"为"玉石"❶，系统提供了非常多的预设，如牛仔、玻璃、玉石、咖啡、钻石等，都是基于现实生活中物理属性的预设，非常准确。设置"纹理"为"菲涅耳"模式❷，并设置菲涅耳折射参数（菲涅耳参数能让光线产生真实反射）❸，如图 7.66 所示。

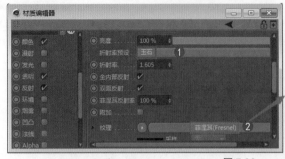

图 7.66

4 在"反射"通道设置反射"类型"为GGX（通用反射模式）❶，这种反射模式适合陶瓷材质的表面。陶瓷裂纹的局部渲染效果❷，可以看到裂纹藏在釉子下方，与现实的陶瓷开片效果很接近。整体渲染效果❸，如图 7.67 所示。

图 7.67

7.3.4　制作绸缎材质

本例将利用背光贴图产生绸缎发光效果；设置织物反射类型制作绸缎纹理。完成后的效果如图 7.68 所示。

工程：材质文件\BB\102

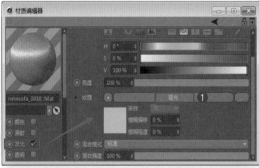

图 7.68

1 新建一个默认材质，在"发光"通道设置发光通道的"纹理"为"背光"❶，设置背光参数，产生丝光效果❷，如图 7.69 所示。

"背光"是一种特效的发光贴图，这种贴图可以让材质有一种半透光效果，这里用在织布绸缎上非常适合。

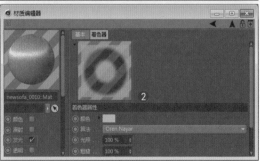

图 7.69

❷ 在"反射"通道设置反射的基本高光和反射参数❶，设置反射"类型"为"Irawan（织物）"❷，如图7.70所示。

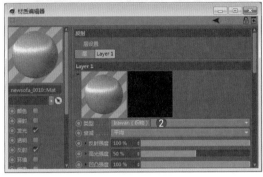

图7.70

❸ 在"反射"通道的"层布料"区域设置织物"预置"为"棕色缎子（衬里）"，产生黄绿色绸缎配色❶，绸缎渲染效果❷，如图7.71所示。

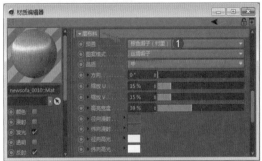

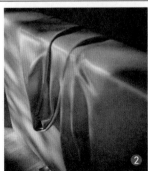

图7.71

7.3.5 制作抱枕靠垫材质

本例将利用反射的布料预置设置基本材质；设置层颜色模拟金色材质；设置层遮罩效果来区分金色和绸缎材质的分布。完成后的效果如图7.72所示。

工程：材质文件\BB\103

图7.72

❶ 新建一个默认材质，在"反射"通道设置反射"类型"为"Irawan（织物）"❶，设置织物"预置"为"蓝色华达呢（西服）"❷，如图7.73所示。这里的西服材质只是软件自带预设的一种，可以从织物预设里选择更多的织布效果。

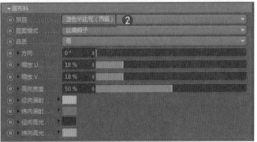

图7.73

❷ 设置反射"类型"为GGX（一种通用反射）❶，设置层颜色为黄色（产生金色光泽）❷，设置层遮罩的"纹理"为装饰纹样❸，本书提供的不同款式的装饰纹样贴图❹，如图7.74所示。

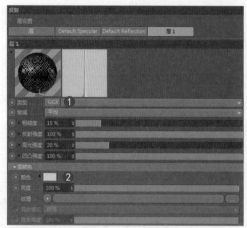
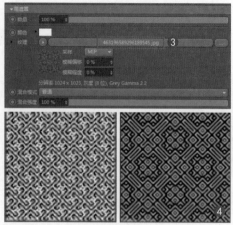

图 7.74

③ 抱枕靠垫的渲染效果，如图 7.75 所示，这种效果中，金色产生了反射，其余部分不产生反射，接近印花丝绸的质感。

图 7.75

　　使用遮罩贴图可以在曲面上通过一种材质查看另一种材质。遮罩控制应用到曲面的第二个贴图的位置。默认情况下，浅色（白色）的遮罩区域为不透明，显示贴图；深色（黑色）的遮罩区域为透明，显示基本材质。可以使用 "反转" 来反转遮罩的效果。

7.3.6　制作海水材质

　　本例将利用"透明"通道产生真实的海水材质；设置凹凸和法线模拟海水的起伏。完成后的效果如图 7.76 所示。　　　工程：材质文件\Y\090

图 7.76

① 新建一个默认材质，设置"颜色"通道为深蓝色（海水），如图 7.77 所示。

图 7.77

② 设置"透明"通道的"折射率"为 1.3（水的折射率）❶，设置"纹理"为"菲涅耳（Fresnel）"（产生真实透明效果）❷，如图 7.78 所示。

图 7.78

设置"吸收颜色"为淡蓝色（海水半透明色调），如图 7.79 所示。吸收的颜色不要太浓重，这个参数中很浅的颜色设置都会让材质变得很暗。

设置反射"类型"和"高光强度"，如图 7.80 所示。这里的"高光强度"是一个综合设置，通过"反射强度"和"高光强度"的配合使用才能达到预期的效果。

图 7.79

图 7.80

设置"层颜色"为"菲涅耳（Fresnel）"贴图（产生真实反射）❶，设置凹凸贴图为噪波贴图❷，设置凹凸"强度"❸，如图 7.81 所示。

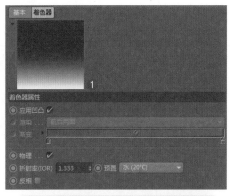

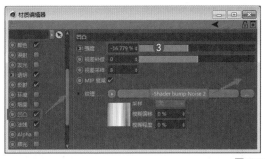

图 7.81

凹凸强度不要太大，这里不会产生真正的模型起伏，只是从光照效果来模拟模型的起伏变化，属于假凹凸效果，可以配合法线贴图来表现逼真凹凸效果。

6 ▶ 设置 "法线" 通道的 "纹理" 为海水贴图①, 产生凹凸质感②, 如图 7.82 所示。

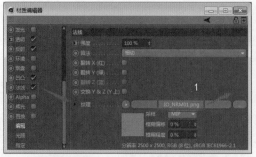

图 7.82

7 ▶ 法线贴图比凹凸贴图更加逼真, 凹凸贴图不能生成真正的模型起伏, 而置换贴图可以生成真正的模型起伏, 法线贴图介乎于凹凸和置换二者之间, 渲染速度也比较快。本例最终渲染效果如图 7.83 所示。

图 7.83

Octane 渲染器

本章导读：

　　Octane 渲染器是 Maxon 公司开发的产品，主要用于渲染一些特殊的效果，如次表面散射、光迹追踪、散焦、全局照明等。Octane 的特点在于快速设置而不是快速渲染，所以要合理地调节其参数。Octane 渲染器控制参数不复杂，完全内嵌在"材质编辑器"和"渲染设置"中，这一点与 VRay、Brazil 等渲染器相似。本章将通过几个实例介绍 Octane 渲染器的具体应用。

知识点	学习目标			
	了解	理解	应用	实践
Octane 渲染器的特色	√	√		
设置 Ootano 渲染器			√	√
全局光照		√	√	√
光线反弹次数		√	√	√
Octane 灯光			√	√
Octane 材质			√	√
Octane HDRI 贴图			√	√

8.1 Octane渲染器的特色

Octane渲染器有独立版和C4D版两种版本，C4D版本的Octane包含全局照明、软阴影、毛发、卡通、快速的金属和玻璃材质等几种特殊功能，适合专业作图人员使用。本章将对C4D版本的Octane进行讲解。

学习 Octane 渲染器的具体使用之前我们先来了解 Octane 渲染器的几大特点。

1. 真实的光迹追踪（反射折射）效果

Octane 的光迹追踪效果来自优秀的渲染计算引擎，如准蒙特卡罗、发光贴图、灯光贴图和光子贴图。如图 8.1 所示是优秀光迹追踪特效的作品。

图 8.2

3. 真实的阴影效果

Octane 的专用灯光阴影会自动产生真实且自然的阴影，Octane 还支持 Cinema 4D 默认的灯光，并提供了 OctaneShadow 专用阴影。如图 8.3 所示是一些反映真实的阴影效果的作品。

图 8.1

2. 快速的半透明材质（次表面散射 SSS）效果

Octane 的半透明效果非常真实，只需设置烟雾颜色即可，非常简单。如图 8.2 所示是一些反映次表面散射 SSS 特效的作品。

图 8.4

5. 焦散特效

Octane 的焦散特效非常简单，只需激活焦散功能选项，再给出相应的光子数量即可开始渲染焦散，前提是物体必须有反射和折射。如图 8.5 所示是一些反映焦散特效的作品。

图 8.5

6. 快速真实的全局照明效果

Octane 的全局照明是它的核心部分，可以控制一次光照和二次间接照明，得到无与伦比的光影漫射真实效果，而且渲染速度可控性很强。如图 8.6 所示是一些反映真实的全局照明效果的作品。

图 8.3

4. 真实的光影效果（环境光和 HDRI 图像功能）

Octane 的环境光支持 HDRI 图像和纯色调，如给出淡蓝色，就会产生蓝色的天光。HDRI 图像则会产生更加真实的光线色泽。Octane 还提供了类似 Octane-环境光等用于控制真实效果的天光模拟工具。如图 8.4 所示是反映真实光影效果的作品。

图 8.6

7. 运动模糊效果

Octane 的运动模糊效果可以让运动的物体和摄像机镜头达到影视级的真实度。如图 8.7 所示是一些反映运动模糊效果的作品。

图 8.7

8. 景深效果

Octane 的景深效果虽然渲染起来比较慢，但精度非常高，它还提供了类似镜头颗粒的景深特效，比如让模糊部分产生六棱形的镜头光斑等。如图 8.8 所示是一些反映景深效果的作品。

图 8.8

9. 置换特效

Octane 的置换特效是一个亮点，它可以与贴图共同完成建模达不到的物体表面细节。如图 8.9 所示是一些反映置换特效的作品。

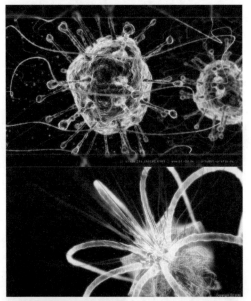

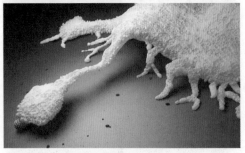

图 8.9

10. 真实的毛发特效

Octane 的毛发工具是高级特效，可以制作任何漂亮的毛发特效，比如羊毛地毯、草地等。如图 8.10 所示是一些反映毛发特效的作品。

图 8.10

8.2 Octane渲染器使用流程

每种渲染器安装后都有自己的模块，比如 VRay 渲染器，完全安装后可以在 Cinema 4D 很多地方找到它的身影："灯光建立"面板、材质编辑器、"渲染设置"对话框和"摄像机建立"面板等。如果安装后不指定渲染器，则无法工作。Octane 渲染器的设置方法也同样如此，本节介绍 Octane 渲染器的使用流程。

下面介绍如何设置 Octane 渲染器。首先要确定已经正确安装了 Octane 渲染器，因为 Cinema 4D 在渲染时使用的是自身默认的渲染器，所以要手动设置 Octane 渲染器为当前渲染器。

1 打开 Cinema 4D 软件。

2 在主菜单栏执行"Octane" > "Octane 实时查看窗口"命令❶，打开 Octane 渲染器窗口❷，如图 8.11 所示。

图 8.11

3 在 Octane 渲染器窗口的主菜单中可以建立材质、灯光和各种特效，如图 8.12 所示。

图 8.12

4 Octane 渲染器是实时渲染的，在视图中所做的操作，如替换材质、编辑灯光等操作，都会实时进行更新。窗口上方有一排工具按钮，用于渲染器的基本控制，如图 8.13 所示。

图 8.13

重启 PGU 渲染 : 重启 PGU 进行实时渲染。

重新渲染 : 不重启 PGU 的情况下重新进行实时渲染。

暂停渲染 : 暂停实时渲染。

更新数据 : 更新渲染的数据记录。

Octane 设置 : 打开 "Octane 设置" 对话框，设置渲染参数。

锁定分辨率 : 按设定好的比例进行渲染，否则将自动适配窗口。

黏土模式 : 选择渲染模式，可以渲染单色或不显示反射。

局部模式 : 框选一个局部进行渲染。

景深模糊 : 在场景中单击，选择开始发生景深的点。

拾取材质 : 可以在渲染窗口用鼠标单击画面来拾取材质。

通道 : 选择要渲染的通道模式，如线框模式。

5 打开一个场景文件，如图 8.14 所示。

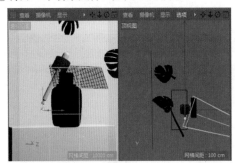

图 8.14

6 单击渲染器窗口的 按钮，进行实时渲染，如图 8.15 所示。

7 单击渲染器窗口的 按钮，观察黏土模式，如图 8.16 所示，就是用素体模型观察光照效果。

图 8.15

图 8.16

8 在渲染器窗口单击 "对象" 菜单，菜单列表中有灯光和摄像机等可选❶。单击 "材质" 菜单，菜单列表中有多种 Octane 专用材质球可供建立❷，如图 8.17 所示。

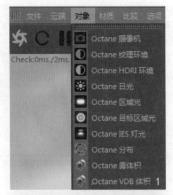

图 8.17

9 在渲染器窗口单击 按钮，打开 "Octane 设置" 对话框，如图 8.18 所示，设置渲染尺寸和精度后即可进行输出。

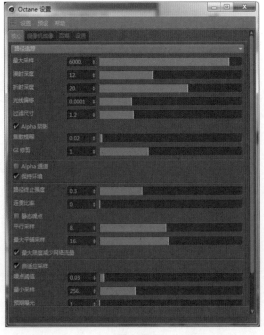

图 8.18

120

8.3 Octane材质制作

Octane 渲染器的材质制作方法与内置材质不同，Octane 渲染器本身是物理渲染器，完全基于真实世界的材质原理，并且是基于全局光照效果计算的，所以材质设置比内置材质更为简单易懂。下面通过几个案例来学习 Octane 材质制作。

8.3.1 制作钻石材质

本例将利用"折射率"控制钻石的反射；设置"色散"模拟钻石散发的七彩光；打开"伪阴影"提高钻石透光度。完成后的效果如图 8.19 所示。

⊙ 工程：材质文件\K\047

图 8.19

❶ 新建一个"镜面"材质❶，设置"粗糙度"为 0（0 代表没有粗糙度，随着取值增大，反射效果会越来越模糊。平滑反射的品质由细分参数控制，最大值为 1）❷，再设置"色散系数 B"（产生七彩光，钻石主要靠七彩光来表现）❸，如图 8.20 所示。

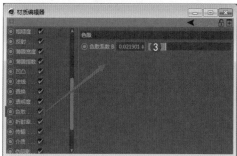

图 8.20

❷ 设置"折射率"（钻石的标准折射率为 2.417）❶，勾选"伪阴影"复选框（产生透光效果）❷，如图 8.21 所示。"伪阴影"确定场景中透明物体投射阴影的行为，选中该复选框后将不管灯光物体中的阴影设置（颜色、密度、贴图等）来计算阴影，此时来自透明物体的阴影颜色将是正确的。

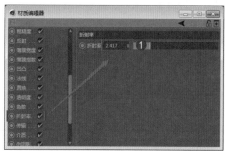

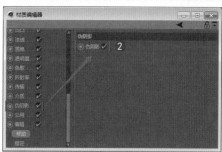

图 8.21

钻石是等轴晶系的矿物集合体，它的折射率是固定的，这也是区分水晶与钻石的有效方法。由于钻石的折射率较高，光线从钻石内部反射出来的光线比较耀眼，所以表面会呈现七彩斑斓的光芒，"色散系数 B"就是控制这个颜色的。

8.3.2 制作陶瓷材质

本例将利用"漫射"和"镜面"设置陶瓷表面颜色；设置镂空贴图制作 Logo 材质。

⊙ 工程：材质文件\T\081

❶ 新建一个"光泽度"材质（陶瓷）❶，设置"漫射"通道的颜色❷，如图 8.22 所示。

❷ 新建一个"光泽度"材质（镂空 Logo）❶，关闭"漫射"通道❷，设置"镜面"通道的颜色为白色❸，如图 8.23 所示。

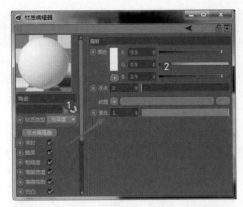

图 8.22

图 8.23

③ 设置"折射率"为 1（值为 1 意味着是一种完美的镜面反射效果，随着取值的减小，反射效果会越来越模糊），如图 8.24 所示。

④ 设置"透明度"通道的"纹理"为"图像纹理" ①，设置镂空贴图 ②，设置"边框模式"为"黑色"（Logo 不会产生连续纹样）③，如图 8.25 所示。

⑤ 将陶瓷材质赋给杯子，选择杯子 Logo 区域的面片，将镂空材质赋给该区域 ①；将陶瓷材质赋给高花瓶，选择该花瓶 Logo 区域的面片，将镂空材质赋给该区域 ②；将陶瓷材质赋给矮花瓶，选择该花瓶 Logo 区域的面片，将镂空材质赋给该区域 ③。陶瓷最终渲染效果 ④，如图 8.26 所示。

图 8.24

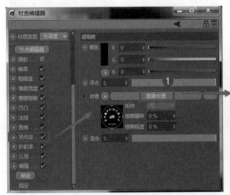

图 8.25

图 8.26

8.3.3 制作蜂蜜材质

本例将利用"传输"和"折射率"制作蜂蜜材质；设置"散射介质"模拟半透明效果。完成后的效果如图 8.27 所示。　⚪ 工程：材质文件\Y\093

图 8.27

1 新建一个"镜面"材质❶，设置"粗糙度"❷，再设置"折射率"❸，如图 8.28 所示。

图 8.28

2 设置"传输"通道的颜色（蜂蜜的颜色）❶，勾选"伪阴影"复选框（让蜂蜜更透亮）❷，如图 8.29 所示。选中"伪阴影"复选框后会使材质半透明，即光线可以在材质内部进行传递。

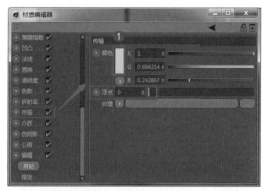

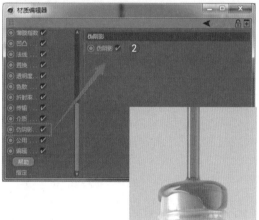

图 8.29

3 设置"介质"通道的"纹理"为"散射介质"（产生半透明效果）❶，设置"吸收"参数（从蜂蜜内部透出厚重的阴影）❷，设置"散射"参数（从蜂蜜内部透出亮光）❸，如图 8.30 所示。这种效果就是次表面散射（SSS）效果。

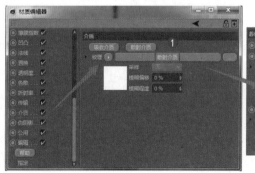

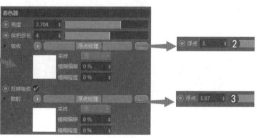

图 8.30

8.3.4 制作镀膜玻璃材质

本例将利用"折射率"和"透明度"控制玻璃的反射效果；设置"薄膜宽度"和"薄膜指数"控制玻璃表面的彩虹反射效果。完成后效果如图8.31所示。

工程：材质文件\B\008

图 8.31

1 新建一个"光泽度"材质①，设置玻璃的"折射率"②，关闭玻璃的"漫射"参数③，设置"薄膜宽度"④，如图8.32所示。薄膜可以控制颜色过渡，让七色光循环显示，值越大颜色越冷。

图 8.32

2 设置"薄膜指数"①，设置"透明度"参数②，并设置透明度"纹理"为"菲涅耳（Fresnel）"③，

菲涅耳的强度取决于物体表面的入射角，自然界中有一些材质（如玻璃）的反射就是这种方式。不过要注意的是这个效果还取决于材质的折射率，如图8.33所示。

图 8.33

3 设置菲涅耳参数①。最终渲染效果②，如图8.34所示。

图 8.34

8.3.5　制作防晒霜外包装材质

本例将利用光泽度贴图制作标签材质；利用"粗糙度"表现外包装表面的塑料材质；用混合材质将标签材质和塑料材质进行混合（用 Alpha 通道进行混合）。完成后的效果如图 8.35 所示。

工程：材质文件\H\021

图 8.35

1 新建一个"光泽度"材质（瓶体的标签部分）❶，设置"漫射"通道的"经理"为"图像纹理"❷，设置标签贴图❸，如图 8.36 所示。

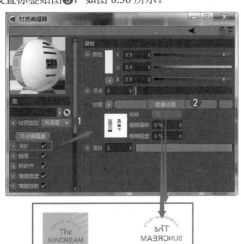

图 8.36

2 设置"粗糙度"❶，设置"折射率"（物体表面的反射效果）❷，如图 8.37 所示。

3 新建一个"光泽度"材质（瓶体的白色塑料部分）❶，设置"漫射"通道的颜色（瓶体的塑料颜色）❷，设置"粗糙度"❸，如图 8.38 所示。

图 8.37

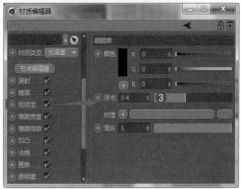

图 8.38

4 设置"凹凸"通道的"经理"为"梯度"(用于弱化凹凸强度)❶, 设置"梯度"参数(颜色越黑, 凹凸越弱)❷, 设置凹凸贴图❸, 凹凸贴图效果❹, 如图 8.39 所示。凹凸贴图使对象的表面看起来凹凸不平或呈现不规则形状。用凹凸贴图材质渲染对象时, 贴图较明亮(较白)的区域看上去被提升, 而较暗(较黑)的区域看上去被降低。

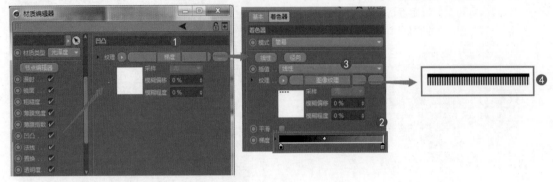

图 8.39

5 设置"折射率"(表现塑料的反射效果)❶, 当前渲染效果❷, 如图 8.40 所示。

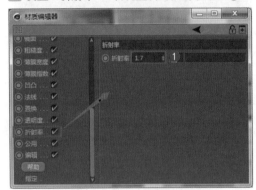 

图 8.40

6 新建一个混合材质(用于混合防晒霜的瓶体塑料和标签)❶, 设置"材质 1"为瓶体的标签材质❷, 设置"材质 2"为塑料材质❸, 设置混合方式为"图像纹理"❹, 设置带通道属性的贴图❺, 选择贴图"类型"为 Alpha ❻, 如图 8.41 所示。

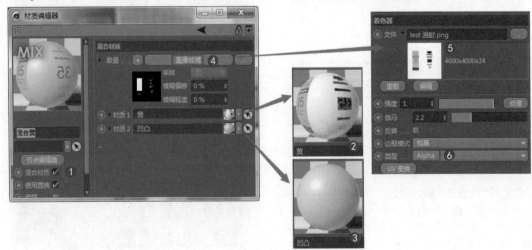

图 8.41

8.3.6 制作青铜金属材质

本例将用镜面颜色制作出氧化铜材质；设置蓝色凹凸材质模拟生锈的铜材质；用混合材质将二者混合。完成后的效果如图 8.42 所示。

工程：材质文件\八\042

图 8.42

1 新建一个"光泽度"材质（氧化铜金属）①，设置"镜面"通道的颜色为褐色②，设置金属的"粗糙度"③，如图 8.43 所示。

图 8.43

2 设置"凹凸"通道的"纹理"为"图像纹理"①，设置划痕贴图 ②，设置金属的"折射率"③，如图 8.44 所示。

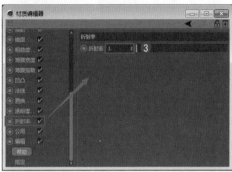

图 8.44

3 测试渲染①。新建一个"光泽度"材质（铜锈）②，设置"漫射"通道的"纹理"为"图像纹理"③，如图 8.45 所示。

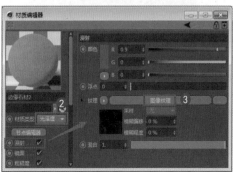

图 8.45

127

4 设置划痕贴图**①**。设置"强度"为"RGB 颜色"**②**，设置颜色为蓝色（铜锈的色调）**③**，设置"伽马"值（让贴图产生蓝色划痕效果）**④**，如图 8.46 所示。

图 8.46

5 设置"粗糙度"**①**，然后在"法线"通道设置"纹理"为"图像纹理"**②**，设置法线贴图**③**，如图 8.47 所示。法线贴图的方式是按照方向制定的，也就是说物体的表面法线是向上的，当给出一个法线贴图时，模型表面会根据贴图内部的信息给出向上凸起或向下凹陷的效果。

图 8.47

6 设置"折射率"**①**，设置"材质 1"为氧化铜材质**②**，设置"材质 2"为蓝色铜锈材质**③**，设置混合模式为"污垢"贴图**④**，设置污垢参数**⑤**。最终渲染效果**⑥**，如图 8.48 所示。污垢贴图很多时候可以用来模拟蒙尘效果，就是物体表面上积了很多灰的效果。制作方法是先制作一种底材质，这是一种一般的材质，然后再调节出一种顶材质，即灰尘效果。

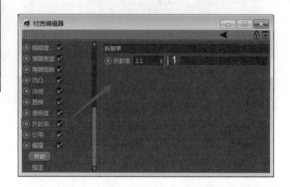

图 8.48

第 **9** 章

动画制作

本章导读：

　　本章介绍动画的制作，通过本章的学习，大家会对 Cinema 4D 的动画框架结构有一个清晰的认识，会通过具体实例讲解各种动画工具，结合参数设置，由浅入深、循序渐进地完成一些较为复杂的动画，从而帮助大家熟练掌握动画技术，制作不同速度和效果的动画。

知识点	学习目标			
	了解	理解	应用	实践
了解动画概念	√	√		
关键帧动画		√	√	√
动画约束		√	√	√
运动图形		√	√	
效果器、模拟器				√
刚体、柔体、布料、毛发			√	√

9.1 "动画"面板

"动画"面板中包括时间线区❶、时间长度控制区❷、动画播放控制区❸、关键帧记录控制区
❹、动画属性记录控制区❺5 个区域，这 5 个区域可以控制动画的大部分功能。"动画"面板的构成
如图 9.1 所示。

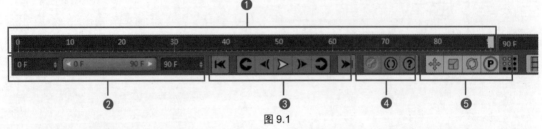

图 9.1

时间线区域的数值代表帧数，PAL 制式（亚
洲的电视播放帧速率）为每秒 25 帧动画，软件默
认为 NTSC 制式（欧美制式），每秒播放 30 帧动画。
要想改变为 PAL 制式，按 Ctrl+D 快捷键，打开"工
程设置"面板，设置"帧率"为 25 即可，如图 9.2
所示。

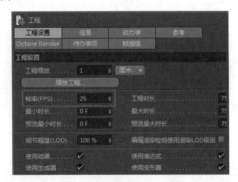

图 9.2

时间线上的绿色滑块█代表当前帧，想要进入
相应的帧，拖动滑块即可（滑块旁边的绿色数值代
表当前帧数），如图 9.3 所示。

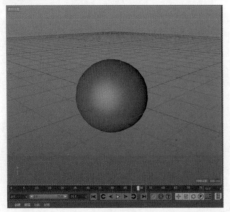

图 9.3

制作动画后，时间线上会出现灰色的关键帧，
选择灰色关键帧后，被选中的关键帧显示为黄色，
如图 9.4 所示。

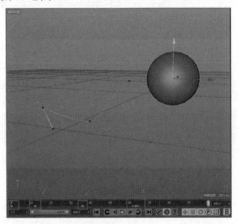

图 9.4

可以拖动关键帧改变动画的节奏，还可以在时
间线上框选某个时间段的多个关键帧，对其整体移
动（改变动画的时间区间），如图 9.5 所示。

图 9.5

还可以拖动两端的灰色滑块▬压缩和拉长被选
择动画的时间长度，如图 9.6 所示。

图 9.6

时间长度控制区可以改变当前时间线的帧数（动画总长度），在总长度框输入数值，可以控制总长度的帧数（如100），如图9.7所示。

图9.7

拖动◀和▶按钮可以改变时间线上的起始和结束帧数，这里的起始帧和结束帧仅代表目前时间线上显示的帧范围（方便动画编辑），如图9.8所示。

图9.8

动画播放控制区的按钮用于控制动画的播放，如关键帧的前进或后退等，如图9.9所示。

图9.9

▐◀按钮：转到动画起点。

◖按钮：转到上一个关键帧。

◀按钮：转到动画上一帧。

▶按钮：播放动画。

▶▌按钮：转到动画下一帧。

◗按钮：转到下一个关键帧。

▶▌按钮：转到动画终点。

关键帧记录区域的按钮用于手动记录关键帧、自动记录关键帧、设置关键帧选择集，如图9.10所示。

图9.10

⬷按钮：手动记录关键帧。

⬵按钮：自动记录关键帧。

⬶按钮：设置关键帧选择集。

"自动关键帧"要慎用，该功能可以将用户在视图中所有的操作都打上关键点，属于简单粗暴的动画制作方式。

动画属性记录区域的按钮用于对移动、缩放、旋转、参数和顶点次物体动画的控制，激活按钮则记录对应属性的动画，关闭按钮则忽略对应属性的动画记录，如图9.11所示。

图9.11

✛按钮：开/关记录位置动画。

◰按钮：开/关记录缩放动画。

◎按钮：开/关记录旋转动画。

Ⓟ按钮：开/关记录参数级别动画。

▦按钮：开/关记录点级别动画。

一般情况下，这些按钮默认都是激活状态。我们来做一个实验，单击✛按钮，将位置记录按钮关闭，此时该按钮呈灰色显示▦，如图9.12所示。

图9.12

在视图中建立一个球体，按C键将其塌陷为可编辑多边形，激活"自动关键帧"按钮⬵，在视图中旋转这个球体❶，可以在参数面板看到位置区域的动画关键帧被忽略，没有被记录，而缩放和旋转参数被记录了关键帧动画❷，如图9.13所示。

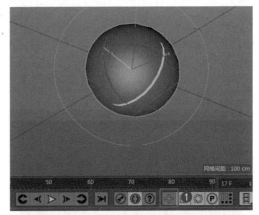

图9.13

9.2 关键帧动画

所谓关键帧动画，就是给需要动画效果的属性准备一组与时间相关的值，这些值都是在动画序列中比较关键的帧中提取出来的，而其他时间帧中的值可以用这些关键值采用特定的插值方法计算得到，从而达到比较流畅的动画效果。

9.2.1 自动记录关键帧

通过启用"自动关键帧"按钮开始创建动画，设置当前时间，然后更改场景中的事物。可以更改对象的位置、旋转或缩放，也可以更改几乎任何设置或参数。

1. 新建一个实例场景，如图 9.14 所示，是一个圆柱体和一个立方体组成的场景，现在要把圆柱体移动到立方体的另一端。

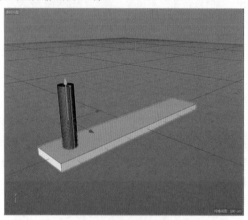

图 9.14

2. 单击"自动关键帧"按钮◉，将时间滑块移动到 90 帧的位置，然后选择圆柱体沿 Z 轴移动到立方体的另一端。这个时候在 0 帧和 90 帧的位置会自动生成两个关键帧，如图 9.15 所示。

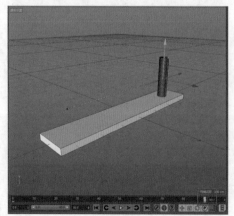

图 9.15

3. 当拖动时间滑块在 0 到 90 帧之间移动的时候，圆柱体会沿着立方体从一端移动到另外一端，如图 9.16 所示。

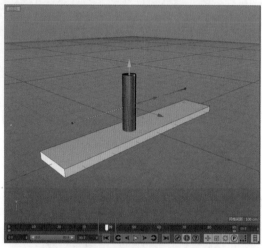

图 9.16

9.2.2 手动记录关键帧

"手动记录关键帧"可以人为地控制关键点，非常方便动画制作。

1. 继续在刚才的模型上制作动画。选择圆柱体，单击◉按钮，在第 0 帧手动记录初始关键帧，如图 9.17 所示。

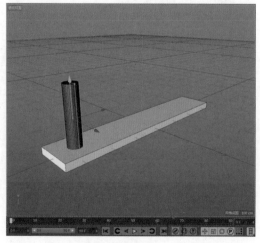

图 9.17

2 移动时间滑块到第 90 帧，将圆柱体移动到立方体另一端，再单击 按钮，在第 90 帧手动记录关键帧，如图 9.18 所示。

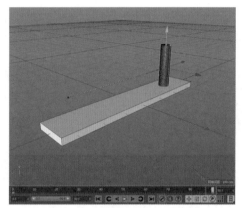

图 9.18

3 当拖动时间滑块在 0 到 90 帧之间移动时，圆柱体会沿着立方体从一端移动到另外一端，动画制作完成，如图 9.19 所示。

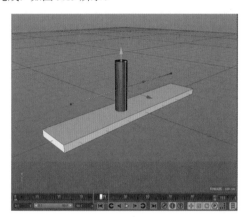

图 9.19

4 通过不同的关键帧，可以随意制作某一帧的动画，并通过单击 按钮手动制作关键帧。

9.2.3 参数动画

在 Cinema 4D 中，只要某参数前面有圆点图标，都可以设置动画，如图 9.20 所示。

图 9.20

1 在场景中新建一个圆柱体，如图 9.21 所示。

图 9.21

2 在参数面板的"对象"页面，单击"半径"前面的圆点 ，圆点变成红色 1，此时第 0 帧的时间线上出现了关键点 2，如图 9.22 所示。

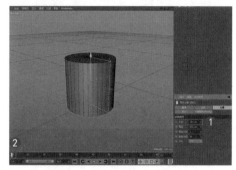

图 9.22

3 移动时间滑块到第 90 帧，此时在第 90 帧小圆点变成了空心红点 1，说明这个参数有动画设置。将"半径"设置为 200，单击空心红点 。使其变为红心圆点 ，在第 90 帧的时间线上产生了一个新的关键帧 2，如图 9.23 所示。

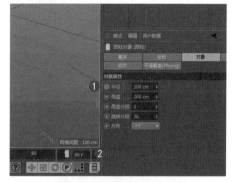

图 9.23

4 当拖动时间滑块在 0 到 90 帧之间移动时，圆柱体的"半径"参数会根据设置进行动画播放，动画制作完成。如果想在不同的时间点进行参数设置，只需将时间滑块移动到那一帧，然后设置参数，并单击空心红点 变成红心圆点 即可。

9.2.4 动画曲线

当物体产生动画后，视图中会出现动画的曲线标识，这个标识呈蓝色渐变，上面的节点距离代表动画的速率。下面通过实例来了解动画曲线的用法。

1 在场景中新建一个球体，如图 9.24 所示。

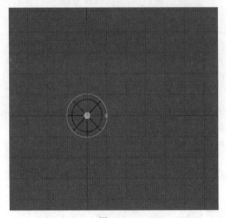

图 9.24

2 在参数面板单击位置区域的X按钮，将 X 轴动画孤立（默认情况下这个按钮呈灰色显示），亮黄色表示只能给 X 轴做动画，如图 9.25 所示。

图 9.25

3 第 0 帧时，单击X参数左边的圆形按钮◎，圆点变为红色◎，这样就给第 0 帧插入了一个关键点，如图 9.26 所示。

图 9.26

4 拖动时间滑块到第 50 帧，设置X的参数为1000cm。再次单击圆点将其变成红色◎，这样就给第 50 帧制作了一个以 X 轴移动 1000cm 的动画，如图 9.27 所示。

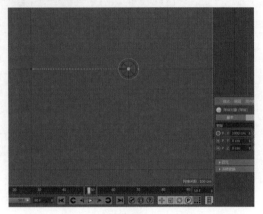

图 9.27

5 播放动画，可以看到球体起始速度缓慢，中间加速，结尾缓慢。从动画曲线上也可以看到这个节点规律，如图 9.28 所示。

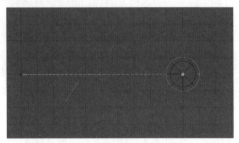

图 9.28

6 按住 Ctrl 键的同时拖动球体，复制 3 个动画球体，现在每个球体都具备了动画效果，如图 9.29所示。

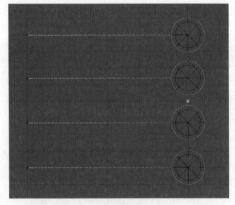

图 9.29

7 播放动画，可以看到所有球体都具有同样的动画效果和移动速度。下面来改变运动速度。

8 在主菜单执行"窗口">"时间线"命令，如图9.30
所示。

图9.30

9 打开"时间线窗口（2）"对话框，选择第一个
球体，并展开它的堆栈，可以看到X轴的动画曲线，
如图9.31所示。

图9.31

刚才制作的两个关键帧以黄色节点方式显示，
关键帧之间以红色曲线方式连接，这就是运动曲线，
可以拖动黄点的手柄来控制运动速率。

10 框选曲线，单击上方的"线性"按钮，将运
动曲线改为线性，如图9.32所示。

图9.32

11 播放动画，第一个球体的运动变为匀速运动。

12 在"时间线窗口"选择第二个球体，移动第50
帧的节点手柄，调整曲线形状，如图9.33所示。

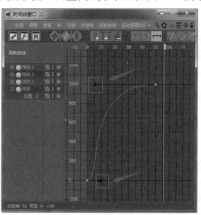

图9.33

13 "时间线窗口"中曲线的横向代表帧数，纵向
代表距离，在上一步操作中，将第0帧的曲线拉直，
将第50帧的曲线变缓。整个动画在初始阶段加速，
在结束阶段变缓，如图9.34所示。

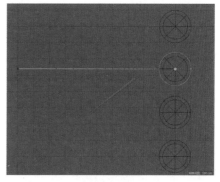

图9.34

14 在"时间线窗口"中选择第三个球体，将曲线
调整为起始帧变缓，结束帧加速，如图9.35所示。

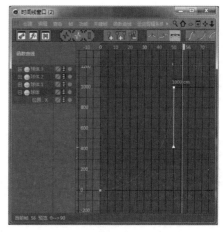

图9.35

15 在"时间线窗口"选择第四个球体,单击"步幅"按钮 ![], 将动画曲线改为步幅模式。步幅模式就是跳跃性的动画,没有中间过程,如图9.36所示。

图 9.36

16 这样就完成了4个不同的动画,播放动画,可以看到第一个球体匀速运动,第二个加速运动,第三个减速运动,第四个跳跃运动。巧妙运用函数曲线可以让动画富有韵律,如图9.37所示。

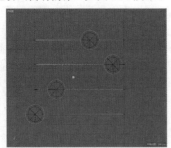

图 9.37

9.2.5 摄影表

在"摄影表"窗口,动画关键帧以小方块的形式体现,可以移动、删除、复制这些小方块来编辑动画,就像编辑乐谱一样方便。在"时间线窗口"对话框单击 ![] 按钮即可进入摄影表编辑模式,如图9.38所示。

图 9.38

1 选择第一个球体的X位置第0帧关键帧的黄色小方块,按住Ctrl键的同时向右移动复制小方块到第10帧,如图9.39所示。

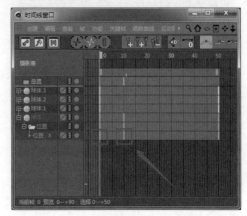

图 9.39

2 播放动画,可以看到球体在第0帧到第10帧之间不动,从第10帧才开始运动。这说明刚才在摄影表上将第0帧的运动状态复制到了第10帧,在动画上产生了作用,如图9.40所示。

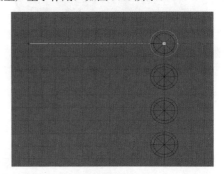

图 9.40

3 在"摄影表"窗口框选第二个球体的第0帧到第50帧的黄色小方块,将它们向右移动10帧的位置,如图9.41所示。

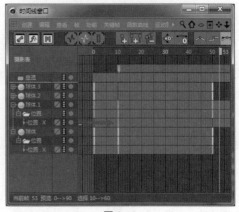

图 9.41

4 在视图的时间线中可以观察到，时间滑块同样向右错位了 10 帧，动画变成从第 10 帧开始到第 60 帧结束，如图 9.42 所示。

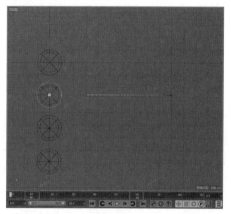

图 9.42

5 在"摄影表"窗口选择第三个球体的第 50 帧黄色小方块，将其向右移动到第 90 帧的位置，如图 9.43 所示。

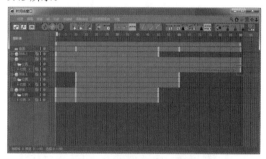

图 9.43

6 播放动画，动画由之前的 0~50 帧被拉长到 0~90 帧的范围，通过改变黄色小方块的时间位置，可以方便地调节动画时间，如图 9.44 所示。

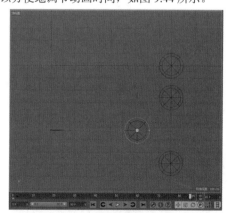

图 9.44

7 这个操作也可以在时间线上直接拖动关键帧来完成。

8 在"摄影表"窗口选择第四个球体的第 0 帧黄色小方块，按住 Ctrl 键的同时将其移动复制到第 90 帧，如图 9.45 所示。

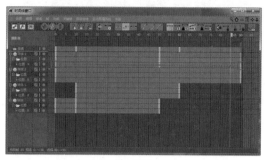

图 9.45

9 此时该球体将在第 90 帧又重新运动到第 0 帧的位置，在复杂场景的复杂动画制作中，"摄影表"可以提供便捷的操作。

9.2.6 添加声音关键帧

在"摄影表"窗口，可以添加声音关键帧，可以让动画根据声音波形进行编辑。

1 在"摄影表"窗口选择第一个球体，在菜单栏执行"创建">"添加专用轨迹">"声音"命令，添加一个声音关键帧，如图 9.46 所示。

图 9.46

2 在参数面板给"声音关键帧"设置声音文件，如图 9.47 所示。

图 9.47

3 在时间线上右击鼠标，在弹出的快捷菜单中选择"声音">"显示声波"命令，如图 9.48 所示。

图 9.48

4 时间线上出现了刚才设置的声音文件的波形，根据波形可以调节动画，如图 9.49 所示。

图 9.49

5 在参数面板可以调节声音的"起始时间"，如图 9.50 所示。

图 9.50

6 播放动画可以听到音乐声，如果不想播放声音，在主菜单栏执行"动画">"播放声音"命令（声音还在，只是关闭了音效），如图 9.51 所示。

图 9.51

9.2.7 复制粘贴动画轨迹

当一个物体的动画制作完成后，可以将它的运动轨迹复制给另一个物体，让另一个物体产生同样的动画效果。

1 接着上面案例选择第一个球体，在参数面板右击鼠标，在弹出的快捷菜单中选择"动画">"复制轨迹"命令，复制球体的运动轨迹，如图 9.52 所示。

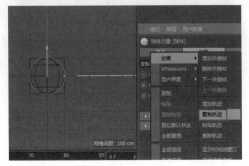

图 9.52

2 新建一个立方体，在参数面板右击鼠标，在弹出的快捷菜单中选择"动画">"粘贴轨迹"命令，将球体的运动轨迹粘贴给立方体，如图 9.53 所示。

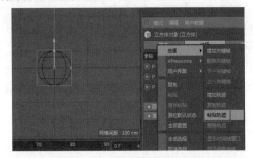

图 9.53

3 在视图中可以看到立方体同样拥有了球体的运动轨迹，播放动画，立方体和球体的运动效果一致，如图 9.54 所示。

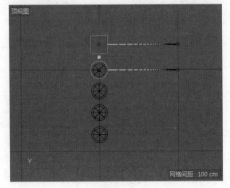

图 9.54

9.3 关键帧动画制作

在 Cinema 4D 中,有多种动画控制的方法,如路径动画、振动动画等,所有前面有圆圈图标的参数都可以制作成动画。Cinema 4D 特有的动态图形和效果器配合也可以制作动画,接下来我们就对这些内容进行深入学习。

9.3.1 路径动画

路径动画是使用频率较高的动画效果,物体跟随事先绘制好的曲线进行运动,可以精准地控制运动轨迹。

1. 新建一个圆锥,再绘制一条螺旋曲线,制作圆锥体沿着螺旋线运动的动画,如图 9.55 所示。

图 9.55

2. 在"对象"面板选择"圆锥",右击鼠标,在弹出的快捷菜单中选择"CINEMA 4D 标签">"对齐曲线"标签,如图 9.56 所示。

图 9.56

3. 此时"圆锥"后方出现了"对齐曲线"标签,如图 9.57 所示。

图 9.57

4. 选择"对齐曲线"标签,将螺旋曲线拖到参数面板的"曲线路径"栏内,如图 9.58 所示。

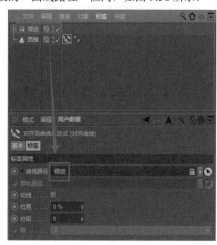

图 9.58

5. 此时圆锥移动到螺旋曲线上,通过"位置"和"轴"可以控制圆锥的位移和圆锥的方向❶。通过参数前面的◎按钮控制动画❷,如图 9.59 所示。

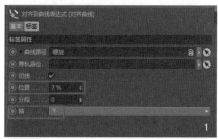

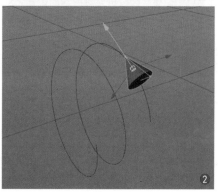

图 9.59

9.3.2 振动动画

振动动画可以让物体在一定的时间范围内进行脉冲式振动,可以通过位置、尺寸和旋转这3个属性编辑振动效果。

1 继续刚才的案例,在"对象"面板选择"圆锥"❶,右击,在快捷菜单中选择"CINEMA 4D标签">"振动"标签❷,如图9.60所示。

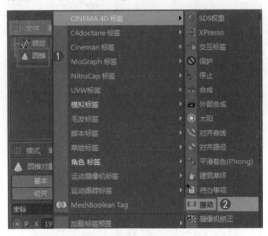

图 9.60

2 此时在"圆锥"后方出现了"振动"标签 ,选择该标签,在参数面板显示"振动"相关的参数,可以对振动的频率和振动方式进行编辑,如图9.61所示。

图 9.61

3 在"启用位置"区域可以对振动的位置(X、Y、Z 3个轴向)进行调节❶,物体可以上下左右随机

振动,抖动的范围可以控。"启用缩放"区域可以对物体的随机缩放进行控制❷。"启用旋转"可以让物体振动时产生随机的方向旋转❸,如图9.62所示。

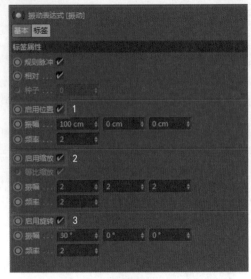

图 9.62

4 这里要注意的是,如果让圆锥在沿螺旋线运动的同时进行振动,那么两个标签的顺序不能颠倒,必须先用"对齐曲线"标签 ,再用"振动"标签 ,如图9.63所示。

图 9.63

在 Cinema 4D 中,制作动画的方式非常多,有刚体/柔体动力学、毛发、布料、粒子、运动图形和效果器等方式,还有各种表达式动画,我们将在后面内容中介绍这些动画知识。

9.4 运动图形

所谓运动图形就是通过对对象进行克隆、矩阵、分裂、破碎等操作,并给这些操作附加更多的效果器,包括继承、随机、延迟等,最终实现的动画效果。

运动图形是 Cinema 4D 特有的动画模块,运动图形有8种类型❶,分别是克隆、矩阵、分裂、破碎、实例、文本、追踪对象和运动样条。用这些运动图形可以对对象进行参数化动态编辑,如破碎

等。编辑后再给对象添加效果器❷,形成更复杂的动画效果,如添加随机、延迟、着色等动作,如图9.64所示。

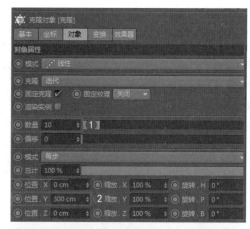

图 9.64

9.4.1 克隆

通过对对象进行克隆，可以批量复制物体，对物体的布局可以进行参数化调整。

1 新建一个立方体，按住 Alt 键的同时给立方体添加"克隆" ❶，此时"克隆"以父级存在❷，如图 9.65 所示。

图 9.65

2 在"克隆"的参数面板设置"数量"为 10 ❶，Y 轴的"位置"为 300cm ❷。目前立方体以 Y 轴为方向，间隔 300cm 复制 10 个❸，如图 9.66 所示。

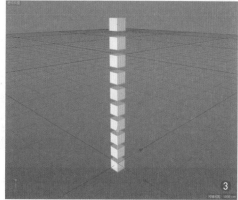

图 9.66

3 将"模式"由"线性"改为"网格排列"，默认情况下立方体以 3×3×3 的方式排列，如图 9.67 所示。

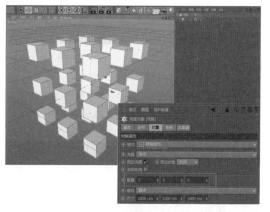

图 9.67

4 修改"数量"值可以得到更多的立方体排列组合，如图 9.68 所示。

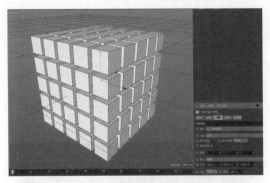

图 9.68

⑤在"变换"面板修改"位置""缩放"或"旋转"值，可以得到不同的变换效果。此时每个立方体的变换都是相同的，如图 9.69 所示。

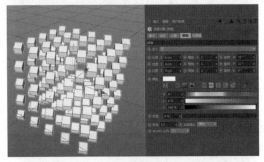

图 9.69

9.4.2 添加效果器

在这个案例中，克隆是运动图形，随机是效果器，当二者结合在一起，可以制作出很特别的动画效果。下面我们继续进行操作。

①在主菜单执行"运动图形"＞"效果器"＞"随机"命令❶，给克隆添加随机效果器，此时"随机"效果器自动添加到了"克隆"面板中❷，如图 9.70 所示。

图 9.70

②调节效果器参数面板的"位置""缩放"和"旋转"参数，可以得到相应的随机效果，如图 9.71 所示。

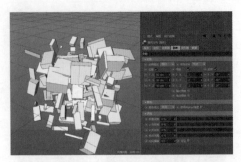

图 9.71

③在"克隆"的对象页面修改模式为"放射"，可以看到立方体组合成了放射状排列。克隆方式还可以转嫁到其他模型上，在场景中导入一个小狗模型，如图 9.72 所示。

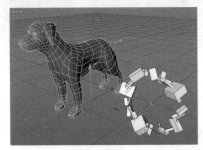

图 9.72

④在"克隆"的对象页面修改"模式"为"对象"❶，将小狗模型拖到"对象"栏中，如图 9.73 所示。

图 9.73

⑤隐藏小狗模型❶，并改变立方体尺寸，可以得到很有意思的画面效果，如图 9.74 所示。

图 9.74

9.5 动力学

在 Cinema 4D 中，刚体和柔体动力学是一大特色，该软件对于刚体和柔体的计算非常准确，能够制作出非常出色的动力学效果动画。

9.5.1 刚体动力学

刚体动力学顾名思义就是物体产生反弹碰撞，不会产生变形，只会产生散开，调节弹跳和摩擦可以控制扩散效果。

1 新建一个球体，按住 Alt 键给球体添加"克隆"，并设置克隆参数。通过网格排列、数量和尺寸将克隆体变为 3×3×3 的方式排列，如图 9.75 所示。

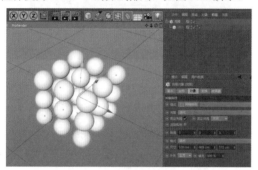

图 9.75

2 在球体下方建立一个平面，作为地面，如图 9.76 所示。

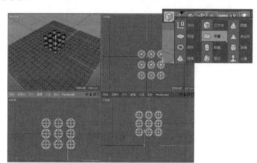

图 9.76

3 在"对象"面板右击"平面"❶，在快捷菜单中选择"碰撞体"标签❷，如图 9.77 所示。

图 9.77

4 地面作为碰撞体，设置"外形"为"静态网格"（地面碰撞时保持不动），如图 9.78 所示。

图 9.78

5 在"对象"面板右击"克隆"❶，在弹出的快捷菜单中选择"刚体"标签❷，如图 9.79 所示。

图 9.79

6 克隆作为刚体，单击▶按钮播放动画，系统会自动计算刚体动力学，此时克隆会自动下落，直到落到地面上停下。目前是这些球体作为一个整体在进行动力学计算，如图 9.80 所示。

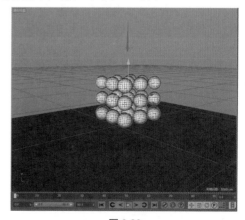

图 9.80

7 在"对象"面板选择"克隆"后面的"刚体"标签❶，在参数面板设置"继承标签"为"应用标签到子级"❷，设置"独立元素"为"全部"❸，如图 9.81 所示。

图 9.81

8 单击▶按钮播放动画，克隆的每个子级球体都作为个体单独进行动力学计算，如图 9.82 所示。

图 9.82

用"刚体"标签可以制作很多有意思的动力学动画，可以设置参与碰撞的物体是静止还是被撞开，还可以设置复杂物体是否有子级参与动力学计算。

9.5.2 柔体动力学

柔体动力学顾名思义就是物体产生柔软的反弹碰撞，物体本身会产生变形，相当于刚体动力学的升级版。

1 继续刚才的案例，将"克隆"的标签删除，重新给"克隆"添加"柔体"标签，如图 9.83 所示。

图 9.83

2 此时地面的"碰撞"标签还在，单击▶按钮播放动画，运算速度明显比计算刚体动力学时慢。克隆碰到地面后，这些球体作为一个整体进行了挤压变形，如图 9.84 所示。

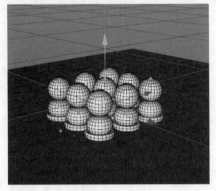

图 9.84

3 在"对象"面板选择"克隆"后面的"柔体"标签❶，在参数面板设置"继承标签"为"应用标签到子级""独立元素"为"全部"❷，如图 9.85 所示。

图 9.85

4 将时间滑块移动到第 0 帧，单击▶按钮播放动画，可以看到克隆的每个子级球体都作为个体单独进行动力学计算。这与刚体动力学的原理是一样的，如图 9.86 所示。

图 9.86

5 在参数面板中，刚体和柔体有很多相同之处，很多参数前面都有⊙动画设置按钮，可以做动画。比如，我们可以给"动力学"的"开启"和"关闭"制作动画，让"动力学"在某一帧才开始动力学计算，尤其是在制作碰撞破碎的效果时，这个功能非常好用，如图 9.87 所示。

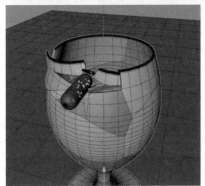

图 9.87

6 "反弹"和"摩擦力"参数也比较常用，通过改变"反弹"系数来控制柔体或刚体遇到碰撞时的变形状态。"摩擦力"则控制物体遇到碰撞后反弹的速度，如图 9.88 所示。

图 9.88

9.5.3 布料

Cinema 4D 的布料模拟非常准确，可以精准控制各种材质的布料动态，可用布料制作角色的服装。

1 在场景中简单搭建一个地面和一个立方体桌面，如图 9.89 所示。

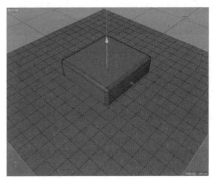

图 9.89

2 将地面和立方体塌陷成一个物体，命名为"桌面"。在上方继续建立一个面片，命名为"布料"，按 C 键将布料塌陷成可编辑多边形（布料模拟必须使用多边形物体，参数化几何体无法进行布料计算），如图 9.90 所示。

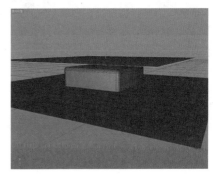

图 9.90

3 在"对象"面板选择"桌面"❶，右击，在快捷菜单中选择"布料碰撞器"标签❷，此时"桌面"将定义为布料碰撞体，如图 9.91 所示。

图 9.91

145

4 在"对象"面板选择"布料"❶，右击，在快捷菜单中选择"布料"标签❷，此时"布料"将定义为布料模拟❸，如图 9.92 所示。

图 9.92

5 将时间滑块移动到第 0 帧，单击 ▷ 按钮播放动画，布料将和桌面进行动力学计算。布料的细腻程度取决于模型的面数，面数多则电脑运算慢，如图 9.93 所示。

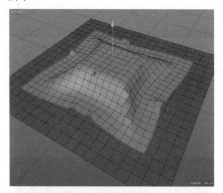

图 9.93

6 Cinema 4D 提供了很好的布料模拟工具，选择要模拟布料的物体，按住 Alt 键的同时执行"模拟">"布料">"布料曲面"命令❶，给布料添加布料曲面，设置"细分数"（慎用大数值）❷，如图 9.94 所示。

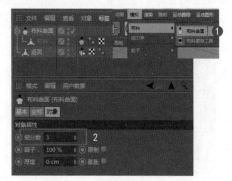

图 9.94

7 将时间滑块移动到第 0 帧，单击 ▷ 按钮播放动画，布料计算更加细腻，如图 9.95 所示。

图 9.95

8 单击"布料"物体后面的 标签，在参数面板可以看到系统提供了很多解决布料模拟的参数。在这里可以设置风力、固定点和布料的重量等参数，用于更真实地模拟布料效果，如图 9.96 所示。

图 9.96

9 选择"布料"物体，进入它的点次物体级别，选择一个顶点，将这个点固定起来进行布料动力学计算，如图 9.97 所示。

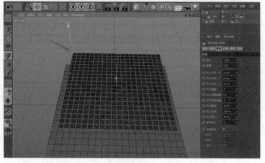

图 9.97

⑩在参数面板的"修整"页面单击"固定点"区域的"设置"按钮，对该点进行固定（此时这个点以紫色显示），如图 9.98 所示。

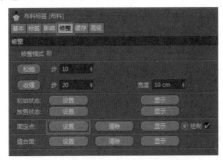

图 9.98

⑪将时间滑块移动到第 0 帧，单击▷按钮重新计算布料动力学，可以看到刚才设置的那个顶点被固定住了，如图 9.99 所示。

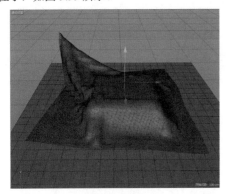

图 9.99

⑫可以用同样的方法追加固定更多的顶点，制作更为复杂的布料动画，如图 9.100 所示。

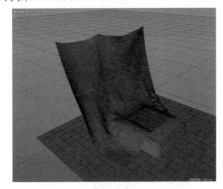

图 9.100

⑬可以单击"清除"按钮将固定点设置删除，重新进行设置，如图 9.101 所示。

图 9.101

9.5.4　毛发

Cinema 4D 的毛发模拟可以做得非常逼真，动力学控制也很准确，下面介绍制作方法。

①在场景中建立一个面片❶，给面片添加毛发物体，如图 9.102 所示。

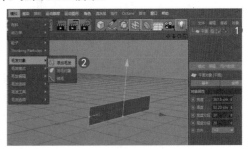

图 9.102

②单击▷按钮，毛发自动进行了动力学计算，毛发按 Y 轴方向下垂❶。制作一个球体❷，给球体添加毛发动力学标签❸，如图 9.103 所示。

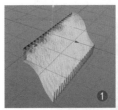

图 9.103

③重新计算，毛发与球体发生了碰撞，如图 9.104所示。

图 9.104

9.6 动力学综合案例

要想做好运动图形动画，需要将运动图形、效果器、动力学以及各种模拟器学精，并能将这些单项组合应用，达到融会贯通的程度。而想要达到上述水平其实是一件非常困难的事情，往往一个技术中间套着另一个技术。本节精选了多个综合案例，操作横跨若干个模块，通过这些案例的实际操作帮助大家熟悉动画制作中各模块的具体应用。

在 Cinema 4D 中，动力学模拟无处不在，可以用标签控制很多动力学效果，如毛发、角色、布料、刚体、柔体等，还可以通过粒子系统捆绑对象、动力学和效果器来模拟更复杂的动画。Cinema 4D 提供了更加开放的接口，甚至可以用编程的方式对复杂动画进行扩展设计。由于篇幅原因，我们就不在这里一一进行菜单介绍了，接下来通过一系列案例来学习这些复杂的动画制作。

9.6.1 用布料模拟一个枕头

①新建一个立方体，设置参数，如图 9.105 所示。

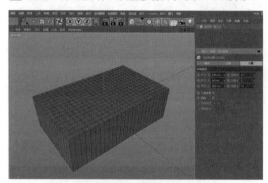

图 9.105

②按 C 键将立方体塌陷，进入面次物体级别，按 UL 键圈选立方体四周的面，如图 9.106 所示。

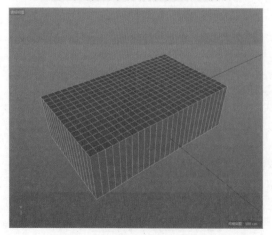

图 9.106

③在"对象"面板右击"立方体"名称①，在快捷菜单中为其添加"布料"标签②，如图 9.107 所示。

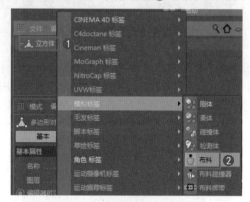

图 9.107

④在参数面板的"修整"页面单击"缝合面"区域的"设置"按钮①，再设置收缩"宽度"为 1cm②，单击"收缩"按钮进行收缩③，如图 9.108 所示。

图 9.108

⑤这样就完成了一个枕头模型的制作，如图 9.109 所示。大家可以用这个方法试着制作其他的物件。

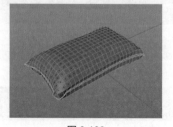

图 9.109

6️⃣ 按住 Alt 键的同时执行"模拟">"布料">"布料曲面"命令，给布料添加布料曲面❶，这样就能做出比较细致的模型了❷，如图 9.110 所示。

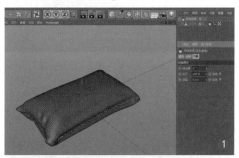

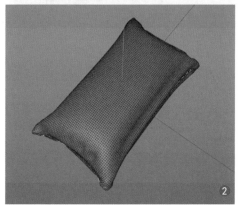

图 9.110

9.6.2　制作气球捆绑

1️⃣ 新建一个球体，设置"类型"为"二十面体"，设置"分段"为 120，如图 9.111 所示。

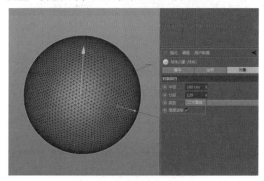

图 9.111

2️⃣ 按 C 键将球体塌陷成可编辑多边形，按住 Alt 键的同时执行"运动图形">"破碎（Voronoi）"命令，给球体添加一个破碎，如图 9.112 所示。

图 9.112

3️⃣ 此时球体上产生了裂缝，如图 9.113 所示。

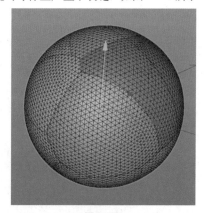

图 9.113

4️⃣ 给裂缝设置偏移，并进行反转❶。此时球体的效果❷，如图 9.114 所示。

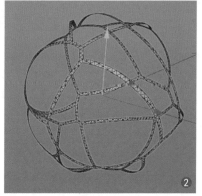

图 9.114

5️⃣ 按住 Ctrl 键的同时拖动复制破碎球体，将球体破碎复制一份，如图 9.115 所示。

图 9.115

6 选择其中一个破碎❶，取消勾选"反转"复选框❷，如图 9.116 所示。

图 9.116

7 这样就得到了另一个效果的球体，如图 9.117 所示。

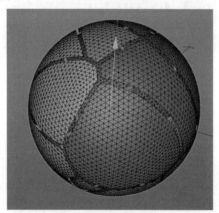

图 9.117

8 将两个破碎球体分别塌陷成可编辑多边形（右击名称❶，在快捷菜单中选择"连接对象 + 删除"命令❷），如图 9.118 所示。

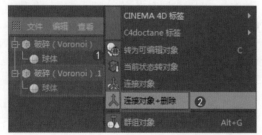

图 9.118

9 将两个物体分别重命名为"边框"和"气球"，如图 9.119 所示。

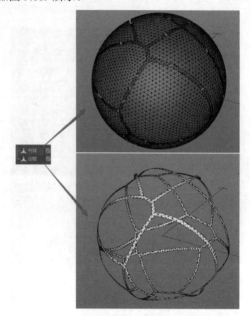

图 9.119

10 给"气球"物体添加"布料"标签。在参数面板设置"尺寸"为 150%（增大）❶，设置"重力"为 0（减小）❷，如图 9.120 所示。

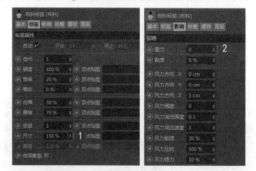

图 9.120

11 单击 ▶ 按钮播放动画，布料开始计算，目前还是紊乱状态，如图 9.121 所示。

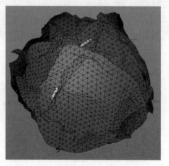

图 9.121

12 可以看到"气球"物体后面有很多标签，当添加"破碎"后，系统自动添加了一些选择集，如图9.122所示。

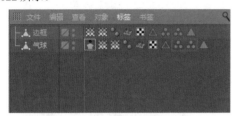

图 9.122

13 双击 选择集①，进入点选择状态，系统自动选择了裂缝的边缘②，如图 9.123 所示。

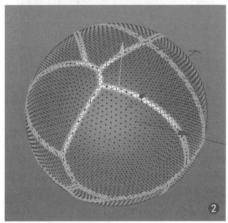

图 9.123

14 在"对象"面板选择"气球"物体后面的"布料"标签，在参数面板的"修整"页面单击"固定点"区域的"设置"按钮，将该点进行固定（此时这些点以紫色显示），如图 9.124 所示。

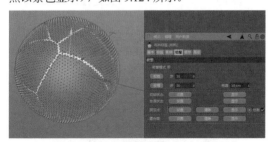

图 9.124

15 单击 按钮播放动画，重新计算布料，此时产生了我们需要的效果，如图 9.125 所示。

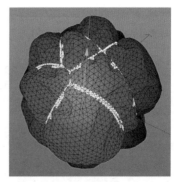

图 9.125

16 为了让气球更柔美，给它添加一个"引力"效果器。选择"布料"标签，执行"模拟">"粒子">"引力"命令，如图 9.126 所示。

图 9.126

17 设置"强度"为 -1000 ①，让气球更膨胀一些②，如图 9.127 所示。

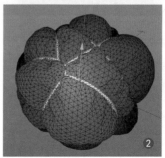

图 9.127

18 在布料"标签"参数面板中,降低"硬度""反弹"及"摩擦"参数,让气球更像绸缎的质感,如图9.128所示。

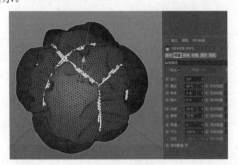

图 9.128

19 按住 Alt 键的同时执行"模拟">"布料">"布料曲面"命令,给布料添加"布料曲面",这样就能做出比较细致的模型了,如图9.129所示。

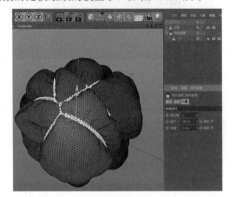

图 9.129

20 按住 Shift 键的同时添加"平滑"修改器❶,给模型添加整体光滑效果❷,如图9.130所示。

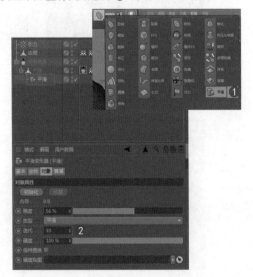

图 9.130

21 单击▷按钮播放动画,布料开始计算,目前基本达到了想要的效果,如图9.131所示。

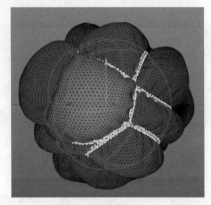

图 9.131

22 给"边框"物体增加厚度并倒角。独显边框物体,进入面次物体级别,选择全部的多边形,选择"挤压"工具,如图9.132所示。

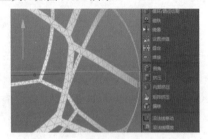

图 9.132

23 使用"挤压"工具时要勾选"创建封顶"复选框,将边框挤压出一个厚度,如图9.133所示。

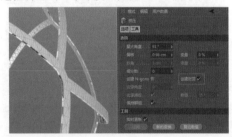

图 9.133

24 给边框做倒角。双击"边框"后面的█按钮,选择边。这是边的选择集,前面用"破碎"命令制作边框时自动生成的,如图9.134所示。

图 9.134

25 选择"倒角"命令❶，给边框制作倒角❷，如图 9.135 所示。

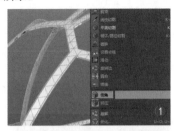

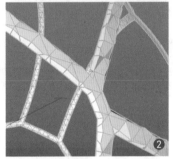

图 9.135

26 模型制作完成，如图 9.136 所示。

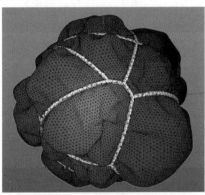

图 9.136

在这个模型制作过程中使用了动力学、运动图形、模拟器、效果器、变形器等命令，希望通过练习大家能对这些动画工具融会贯通。

9.6.3　牙刷头毛刷

本例制作牙刷头的毛刷，将利用毛发自带材质设置毛发粗细和绷紧效果；设置蓝色和白色半透明材质模拟毛刷颜色。完成后效果如图 9.137 所示。

工程：材质文件\M\051

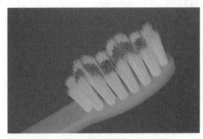

图 9.137

1 场景中牙刷的模型分别命名为"内"和"外"，代表毛刷的位置（内为蓝色毛刷，外为白色毛刷）❶。在场景中添加两个毛发物体（分别代表蓝色和白色的毛刷）❷，如图 9.138 所示。

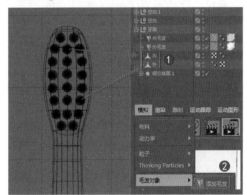

图 9.138

2 选择"外毛发"物体❶，将模型"外"拖到"链接"栏中❷，设置毛发的"数量"和"长度"等参数❸，如图 9.139 所示。

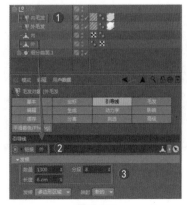

图 9.139

3 选择"内毛发"物体❶，将模型"内"拖到"链接"通道中❷，设置毛发的"数量"和"长度"等参数❸，如图 9.140 所示。

图 9.140

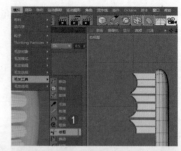

图 9.141

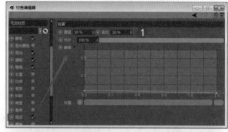

4 执行"修剪">"毛发工具">"修剪"命令，对毛发物体进行修剪❶。在"材质编辑器"中选择毛发材质，设置毛发的粗细❷，如图 9.141 所示。

5 设置毛发的"紧绷"效果❶。新建一个"镜面"材质（蓝色毛刷），在"传输"通道设置毛发为蓝色❷，如图 9.142 所示。

6 在"介质"通道设置"纹理"为"散射介质"（半透明效果）❶，然后设置"吸收"（毛发的密度）❷、"散射"（毛发的透光）❸、"发光"（毛发的发光颜色）参数❹，如图 9.143 所示。

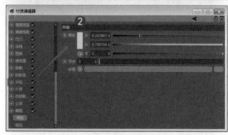

图 9.142

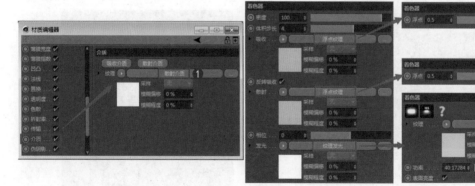

图 9.143

09

7 新建一个"镜面"材质（白色毛刷），设置方法同蓝色毛刷材质，改变"传输"通道和"发光"通道为白色即可❶。将白色和蓝色毛发材质分别赋给两个毛发物体❷，如图9.144所示。

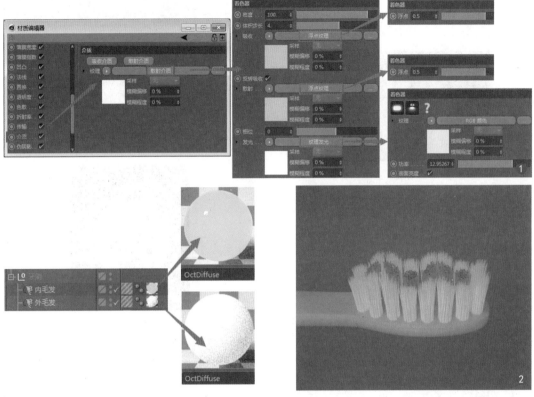

图9.144

8 在"毛发材质"参数选区设置"发梢"的粗细❶，发梢渲染测试❷；设置"绷紧"的曲线❸，毛发绷紧渲染测试❹；设置"卷发"的曲线❺，毛发卷曲渲染测试❻，如图9.145所示。

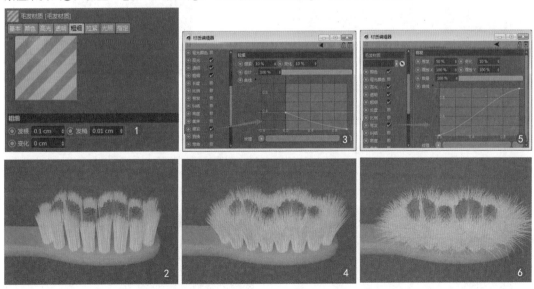

图9.145

9.6.4 科技毛发效果

本例利用漫射材质设置黑体发光材质；设置毛发自带的材质；设置颜色和背光色调。完成后效果如图 9.146 所示。

工程：材质文件\M\052

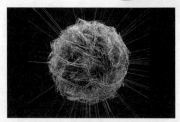

图 9.146

1 新建一个"漫射"材质（发光）❶，设置"发光"通道的"纹理"为"黑体发光"❷，设置"功率"（发光强度）❸，设置"色温"（较低的值可产生暖色）❹，如图 9.147 所示。

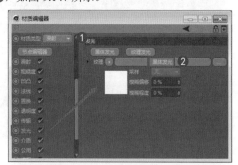

图 9.147

2 设置毛发材质的"颜色"为黑色渐变❶，设置"背光颜色"为灰色渐变❷，如图 9.148 所示。

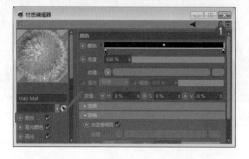

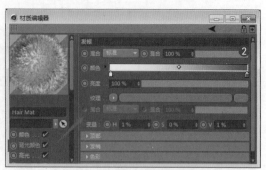

图 9.148

3 材质的渲染效果，如图 9.149 所示。

图 9.149

9.6.5 豹纹毛发效果

本例利用豹纹贴图控制毛发颜色；设置毛发卷曲等属性控制毛发走向；通过动力学系统设置毛发动态。完成后效果如图 9.150 所示。

工程：材质文件\M\053

图 9.150

1 新建一个"漫射"材质（生长毛发的模型材质）❶，设置"漫射"通道的颜色为黑色❷。选择系统自带的毛发材质（毛发物体建立时自带），设置"颜色"通道的"纹理"为豹纹贴图❸，如图 9.151 所示。

图 9.151

2 设置毛发的"粗细"参数❶，设置毛发的"长度"参数❷，如图 9.152 所示。

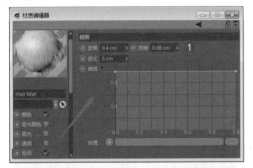

图 9.152

3 设置毛发的"比例"参数❶，设置毛发的"集束"参数（集结）❷，如图 9.153 所示。

图 9.153

4 设置毛发的"弯曲"参数❶，设置毛发的"扭曲"参数❷，如图 9.154 所示。

图 9.154

5 毛发渲染测试❶。建立"旋转"发射器和"湍流"发射器❷，如图 9.155 所示。

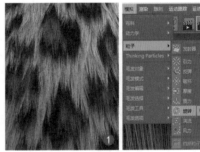

图 9.155

6 设置"旋转"发射器（产生毛发卷曲动态）❶，设置"湍流"发射器（产生毛发飘逸动态）❷，渲染效果❸，如图 9.156 所示。

图 9.156

9.6.6　地毯毛发效果

本例利用毛发自带的材质设置毛发形态；设置地毯的贴图控制毛发的颜色。完成后的效果如图9.157所示。　◎ 工程：材质文件\M\056

图 9.157

■ 设置毛发自带材质的"颜色"（过渡色）❶，设置毛发自带材质的"粗细"（毛发根部和末梢）❷，设置毛发自带材质的"卷发"（毛发的卷曲）❸，设置毛发自带材质的"纠结"（毛发的缠绕）❹，如图9.158所示。

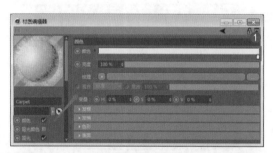

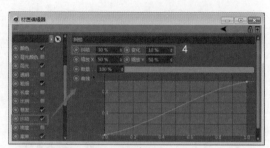

图 9.158

■ 设置毛发自带材质的"集束"（毛发的集结）❶，设置毛发自带材质的"弯曲"（随机变化）❷，设置毛发自带材质的"扭曲"（根据引导线角度扭曲）❸。在"对象"面板设置毛发"引导线"的"数量"（总体方向）❹，如图9.159所示。

图 9.159

③ 设置毛发的"数量"（毛发的真实数量）❶。新建一个默认材质❷，设置"纹理"贴图❸，如图9.160所示。

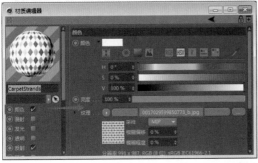
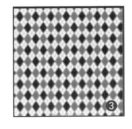

图 9.160

④ 地毯最终渲染效果如图9.161所示。

图 9.161

第10章

综合案例应用——动力学动画

本章导读：

    我们将前面章节学习的内容做一个综合应用，首先制作桌面糖果并对场景布光，然后使用粒子动力学模拟瓶内装满糖果的动画，最后使用破碎动态图形和刚体动力学模拟碰撞体自动下落的动画。

知识点	学习目标			
	了解	理解	应用	实践
场景建模			√	√
材质灯光渲染			√	√
粒子动力学			√	√
动态图形动画			√	√

10.1 场景建模

本节通过对二维曲线的编辑，用 NURBS 生成器对平面曲线进行三维成型，并使用多边形建模工具对模型进行点、线、面的修改，配合变形器和运动图形生成复杂的动画模型。

10.1.1 制作小熊糖模型

1 将参考图拖放到正视图中（这是一种简单的设置背景参考图的方法），如图 10.1 所示。

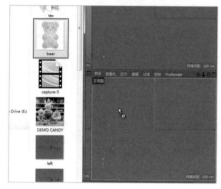

图 10.1

2 按 Shift+V 快捷键打开"视窗"设置面板，在"背景"页面调整"透明"参数，让画面的图片显示变弱，如图 10.2 所示。

图 10.2

3 制作小熊糖的轮廓，选择"圆环"工具①，建立一个圆环曲线，将其移动到小熊头部②，如图 10.3 所示。

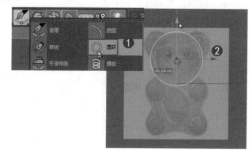

图 10.3

4 按住 Ctrl 键配合"移动"工具复制一个小熊身体，如图 10.4 所示。

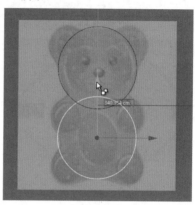

图 10.4

5 继续复制圆环到耳朵上，并在参数面板调整"半径"，让圆环的大小与参考图匹配，如图 10.5 所示。

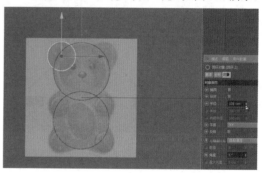

图 10.5

6 将小熊左边的耳朵和手脚都复制出来，然后全选它们，如图 10.6 所示。

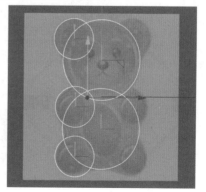

图 10.6

7 在工具栏选择"样条并集" ①，将所有曲线合并②。在参数面板设置"点差值方式"为"统一"，"数量"为2③，这样就在保持整体造型不变的前提下尽可能减少了节点，如图10.7所示。

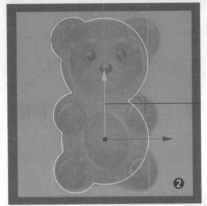

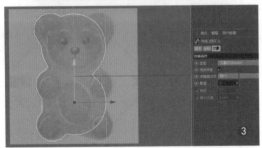

图 10.7

8 进入顶点次物体级别，框选右边的节点，如图10.8所示。

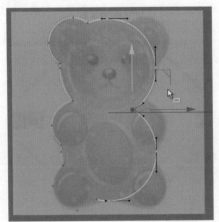

图 10.8

9 右击，在快捷菜单中选择"断开连接"选项，将框选的节点分离出来，如图10.9所示。

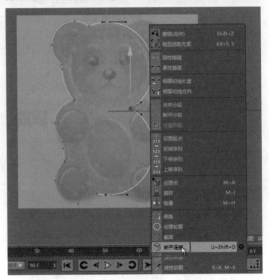

图 10.9

10 按Delete键将分离出来的节点删除，如图10.10所示。

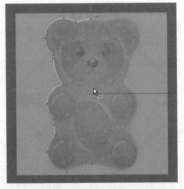

图 10.10

11 按住Alt键的同时选择工具栏中的"对称" 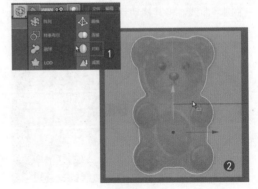工具①，对小熊执行对称操作②，如图10.11所示。

图 10.11

12. 按 C 键将曲线转换为可编辑曲线。在顶点次物体级别右击，在快捷菜单选择"焊接"命令，对小熊最下方的重叠节点焊接，如图 10.12 所示。

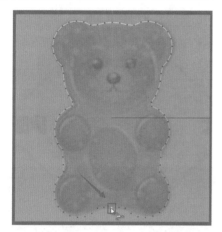

图 10.12

13. 在参数面板勾选"闭合样条"复选框❶，对整个曲线进行封闭操作❷，如图 10.13 所示。

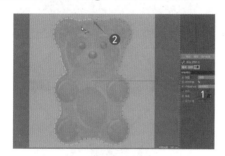

图 10.13

14. 单击"模型"按钮 ⚙ 进入模型级别，按住 Alt 键的同时选择"挤压"工具 ❶，对曲线添加挤压操作❷，如图 10.14 所示。

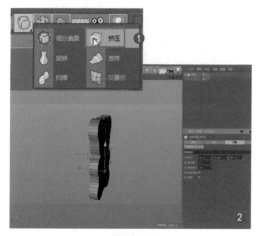

图 10.14

15. 在参数面板设置"倒角"参数，如图 10.15 所示。

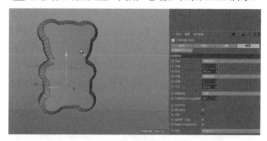

图 10.15

16. 设置"类型"为"四边形"，使用"标准网格"建模模式，如图 10.16 所示。

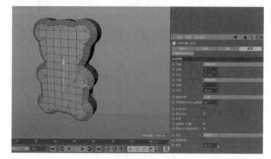

图 10.16

17. 按 C 键将模型转换为可编辑多边形，在"对象"面板全选所有物体，右击，在快捷菜单选择"连接对象 + 删除"命令，将所有物体连接成一体，如图 10.17 所示。

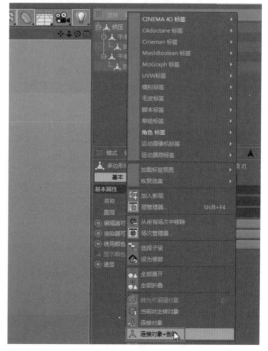

图 10.17

18 进入顶点次物体级别，全选节点，在快捷菜单中选择"优化"命令，将重复节点并右击删除或合并，如图 10.18 所示。在建模过程中经常会出现这种重复的节点或者由于误操作导致的悬浮在半空的零散节点，要经常用"优化"命令进行优化。

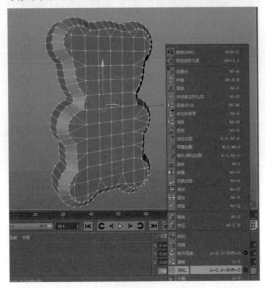

图 10.18

19 执行"雕刻">"笔刷">"拉起"命令❶，用"拉起"工具在物体表面拖曳，可以看到笔刷经过的地方产生了凸起效果❷，如图 10.19 所示。

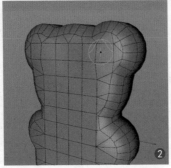

图 10.19

20 按住 Shift 键配合鼠标中键调节笔刷的压力❶，让雕刻操作更加快捷。也可以在参数面板调节"压力"和笔刷"尺寸"❷，如图 10.20 所示。

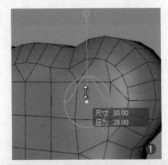

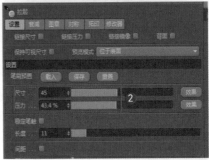

图 10.20

21 小熊糖最终的雕刻效果❶。可以添加"细分曲面"进行光滑测试❷，如图 10.21 所示，小熊糖模型制作完成。

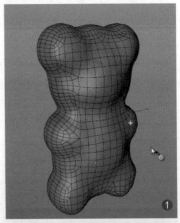

图 10.21

10.1.2 制作星形糖果模型

下面使用二维生成三维的方法，配合变形器制作星形糖果模型，如图 10.22 所示。

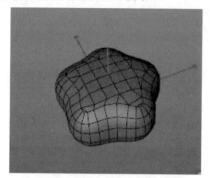

图 10.22

1️⃣ 新建一个星形曲线❶，默认星形为八角星形❷，如图 10.23 所示。

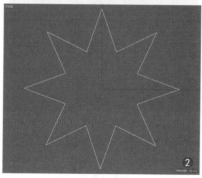

图 10.23

2️⃣ 在参数面板设置星形为五角星，"点插值方式"为"统一"，如图 10.24 所示。

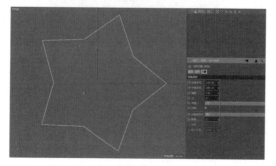

图 10.24

3️⃣ 按 C 键将参数化星形转换为可编辑曲线，进入点次物体级别，全选所有的顶点并右击，在快捷菜单中选择"倒角"命令，如图 10.25 所示。

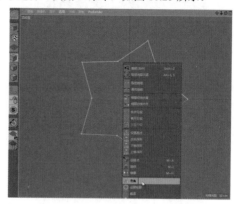

图 10.25

4️⃣ 拖动鼠标，给选择的顶点添加倒角效果，如图 10.26 所示。

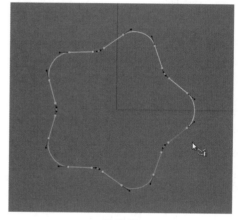

图 10.26

5️⃣ 单击按钮，进入模型级别，按住 Alt 键的同时在工具栏选择"挤压"工具，给星形添加挤压，如图 10.27 所示。

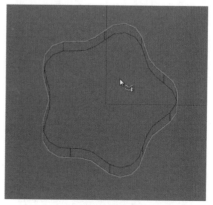

图 10.27

6 在"挤压"工具的参数面板设置"移动"参数（挤压厚度）❶，星形产生了厚度❷，如图10.28所示。

图 10.28

7 在"封顶"页面设置厚度产生圆角封顶❶，并形成四边面。此时产生了圆角效果❷，如图10.29所示。

图 10.29

8 按C键将星形转换为可编辑多边形，此时物体被塌陷成三个部分，即一个边缘和上、下两个圆角封盖。在"对象"面板将三个物体全部选中，右击打开快捷菜单，选择"连接对象＋删除"命令❶，将其连接成一体。进入点次物体级别，全选顶点并右击，选择"优化"命令❷，对重叠的顶点进行优化（可以对看不到的重合点进行优化，即删除多余顶点），如图10.30所示。

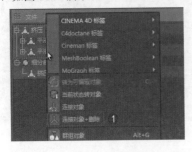

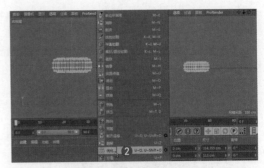

图 10.30

9 按住Shift键的同时给星形添加"收缩包裹"变形器。这个变形器可以将模型以不同目标点进行收缩膨胀，如图10.31所示。

图 10.31

10 新建一个球体，让球体的直径和星形匹配，如图10.32所示。

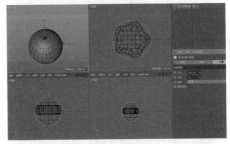

图 10.32

11 让星形按球体的效果进行变形，将球体拖到"收缩包裹"参数面板的"目标对象"栏，这样星形就以球体为目标对象进行了变形，如图10.33所示。

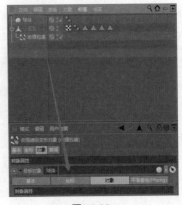

图 10.33

166

12 调节"强度"值❶，会观察到星形会根据球体的样子变胖❷，如图 10.34 所示。

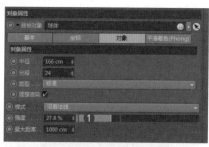

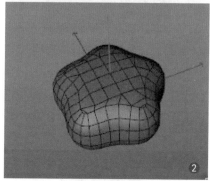

图 10.34

10.1.3　制作糖罐模型

1 在正视图中导入参考图（最简单的方法就是将参考图直接拖到正视图中），如果要修改参考图的显示方式（如透明度、位置等），按 Shift+V 快捷键打开"视图"设置面板进行设置即可，如图 10.35 所示。

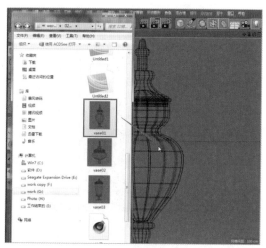

图 10.35

2 单击 按钮，按照参考图的形状绘制瓶盖❶，注意绘制双曲线（厚度）❷，如图 10.36 所示。

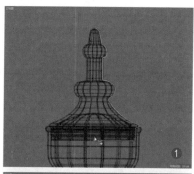

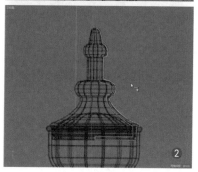

图 10.36

3 框选左边的 4 个顶点，按 T 键调出"缩放"工具❶，按住 Shift 键的同时以 X 轴（红色轴）方向将 4 个点缩小到 0%❷，这样 4 个点就被挤压到一个平面了，如图 10.37 所示。

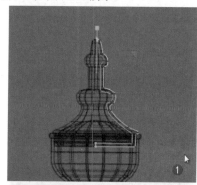

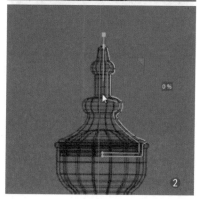

图 10.37

4 按住 Alt 键的同时选择工具栏中的"旋转"工具 🔧❶，给曲线添加旋转❷，如图 10.38 所示。

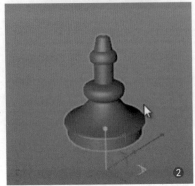

图 10.38

5 激活"启用轴心"按钮 🔲，在 X 轴向调整中心点，让旋转效果更加贴合，如图 10.39 所示。

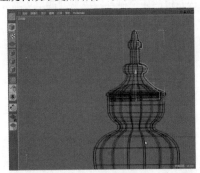

图 10.39

6 操作完成后再次单击 🔲 按钮，关闭"启用轴心"功能。继续绘制瓶身曲线，如图 10.40 所示。

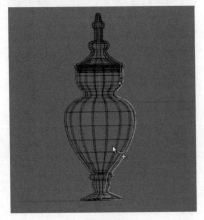

图 10.40

7 给曲线添加旋转，在参数面板通过"细分数"和"网格细分"值可以控制模型的精细度❶。模型当前效果❷，如图 10.41 所示。

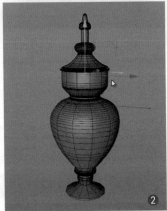

图 10.41

8 该模型的制作中通过两个旋转操作制作了瓶子的瓶体和瓶盖，如图 10.42 所示。场景中另外两个瓶子制作方法相同，这里不再赘述。

图 10.42

10.1.4 制作铲子模型

下面制作铲子模型，用到了多种点、线、面的编辑命令，最终完成后的效果如图 10.43 所示。

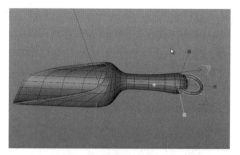

图 10.43

1 将参考图放置到正视图和顶视图背景中，这样
便于建模时作参考，如图 10.44 所示。

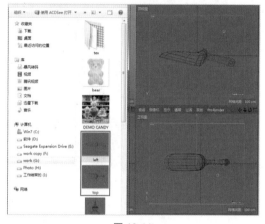

图 10.44

2 按 Shift+V 快捷键打开"视图"设置面板，在
"背景"页面设置背景参考图显示的透明度，一般
为了不影响建模，将图片设置成微弱显示即可，如
图 10.45 所示。

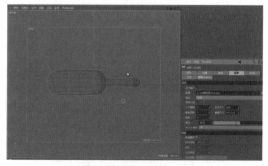

图 10.45

3 为了让顶视图和正视图的图片比例匹配，利用
立方体物体来协调。新建一个立方体，将立方体的
长宽高与参考图相匹配，这里要注意的一点是不能
移动立方体的中心点，只能改变长宽高，然后在参
数面板调节参考图与立方体相匹配。由于立方体默
认位置是系统的中心点，所以参考图就能够与系统
默认的中心点位置匹配了，如图 10.46 所示。

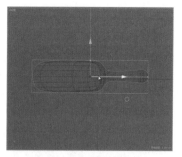

图 10.46

4 在顶视图也通过改变参考图位置的方式与立方
体的位置相匹配，如图 10.47 所示。

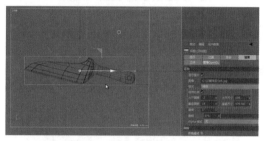

图 10.47

5 调整完参考图位置后，将立方体删除（立方体
的使命已经完成）。新建一个球体，在参数面板设
置参数（六面体能够产生全部都是四边形的球体），
让球体与铲子的手柄尾部尺寸相匹配，如图 10.48
所示。

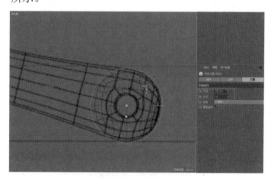

图 10.48

6 按 C 键塌陷物体（变成可编辑多边形），进入
顶点次物体级别，框选球体左边的顶点❶，将其删
除❷，如图 10.49 所示。

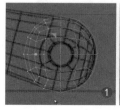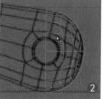

图 10.49

7 对球体进行旋转,让方向与手柄的角度一致,如图 10.50 所示。

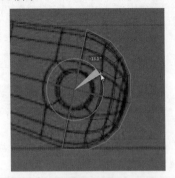

图 10.50

8 进入边界次物体级别,循环选择左边的一圈边 ❶,按住 Ctrl 键进行移动复制 ❷,如图 10.51 所示。

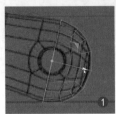 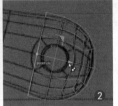

图 10.51

9 继续沿铲子手柄方向进行移动和复制 ❶,并根据手柄参考图的尺寸进行等比例缩放 ❷,如图 10.52 所示。

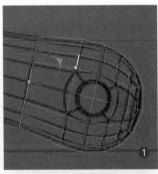

图 10.52

10 复制完铲子手柄,继续复制到铲子头部,由于这里比较宽 ❶,所以要通过移动和旋转的方法进行布线 ❷,如图 10.53 所示。

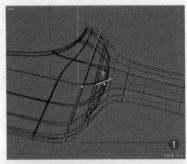

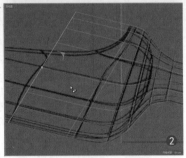

图 10.53

11 由于铲子头部有凹陷造型,复制完成以后要对顶点进行单独调整 ❶,调整时注意布线要均匀 ❷,如图 10.54 所示。

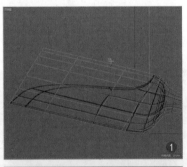

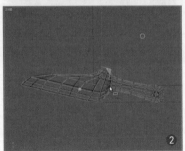

图 10.54

12 制作实心的手柄模型,循环选择边,如图 10.55 所示。

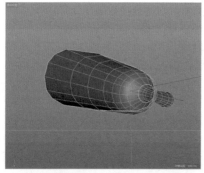

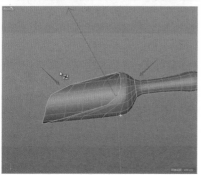

图 10.55

13 按 U、F 键填充进行选择❶，右击，在快捷菜单中选择"挤压"命令❷，如图 10.56 所示。

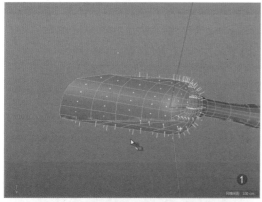

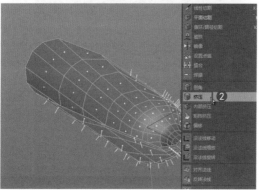

图 10.56

14 拖动鼠标对选择面进行厚度挤压，勾选"创建封顶"复选框，让挤压面保持厚度，如图 10.57 所示。

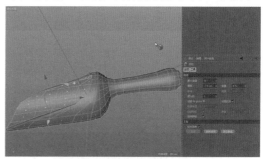

图 10.57

15 视图中蓝色显示的多边形为反向法线，右击，在快捷菜单中选择"反转法线"，对法线进行反转，如图 10.58 所示。

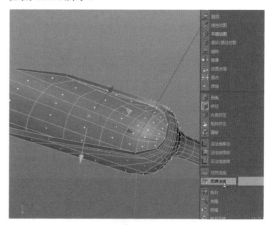

图 10.58

16 封闭铲子内部的孔洞❶。先选择手柄尾部的半圆形多边形❷，如图 10.59 所示。

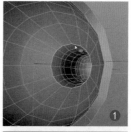

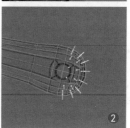

图 10.59

17 右击，在快捷菜单中选择"分裂"命令，将半圆形多边形分裂，如图 10.60 所示。

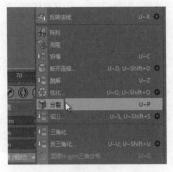

图 10.60

18 选择分裂出来的半圆形多边形❶，将其移动到洞口处，缩放该多边形，使其尺寸和位置与洞口相匹配❷，如图 10.61 所示。

图 10.61

19 选择所有物体，右击，选择"连接对象 + 删除"命令，将所有物体合并，如图 10.62 所示。

图 10.62

20 循环选择洞口和半圆形的一圈边界，右击，在快捷菜单中选择"缝合"命令❶，在视图中将洞口曲线拖到半圆曲线上缝合❷，如图 10.63 所示。

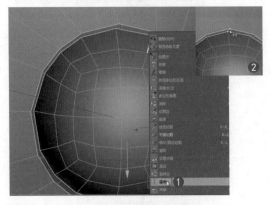

图 10.63

21 缝合后对这部分多边形进行缩放❶，让弧度与铲子内部相匹配❷，如图 10.64 所示。

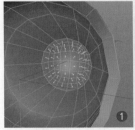 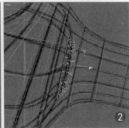

图 10.64

22 选择多余的布线❶，右击，在快捷菜单中选择"消除"命令❷，清理多余布线（干净整洁的布线对于模型很重要，能够避免产生过多没必要的细节），如图 10.65 所示。

图 10.65

23 在手柄末端打孔。选择要打孔的点（根据参考图的位置选择）❶，右击，在快捷菜单中选择"倒角"命令进行打孔❷，如图 10.66 所示。

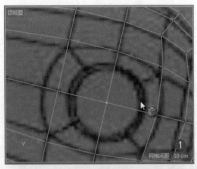

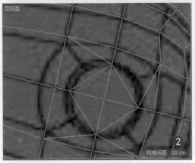

图 10.66

24 在"倒角"参数面板设置"细分"和"张力"❶，让点的倒角产生正八边形（正八边形可以细分出正圆形孔洞）❷，如图10.67所示。

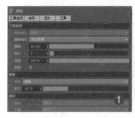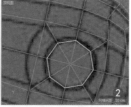

图 10.67

25 将刚才选择的点删除。在多边形次物体级别全选面❶，右击，在快捷菜单中选择"移除 N-gons"命令❷，模型将自动连接四边面，如图10.68所示。

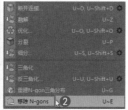

图 10.68

26 循环选择孔洞周围的边❶，右击，在快捷菜单中选择"滑动"命令❷，如图10.69所示。

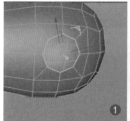

图 10.69

27 在"滑动"参数面板勾选"克隆"复选框❶，在孔洞四周增加一圈保护边❷，如图10.70所示。

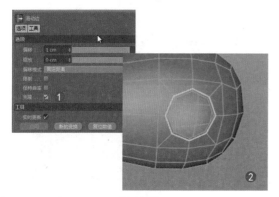

图 10.70

28 在正视图框选模型的一半顶点（没有开孔的那一半）❶，将这些顶点删除❷，如图10.71所示。

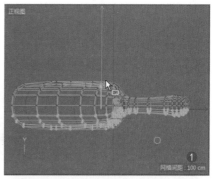
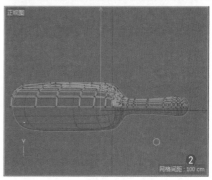

图 10.71

29 在模型次物体级别，按住 Alt 键的同时选择"对称"工具❶，给模型添加对称。在"对称"工具的参数面板设置"镜像平面"和"建模"参数❶，此时模型效果❷，如图10.72所示。

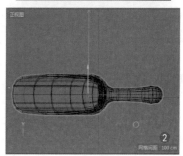

图 10.72

30▶ 将对称模型转化为可编辑对象并进行合并（右击，选择快捷菜单中的"连接对象＋删除"命令）。现在要打通两端孔洞，类似建立一个隧道。循环选择两端孔洞周围的曲线❶，右击，在快捷菜单中选择"桥接"命令❷，如图 10.73 所示。

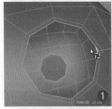

图 10.73

31▶ 在对应的线段上移动光标，将它们逐一进行桥接（也可以使用"缝合"命令）❶，桥接效果❷，如图 10.74 所示。

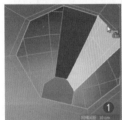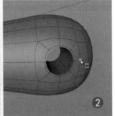

图 10.74

32▶ 制作手柄上的挂环。在工具栏选择"圆环"工具❶，建立一个圆环曲线（这是一个路径），将其移到参考图手柄末端的位置❷，如图 10.75 所示。

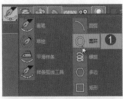

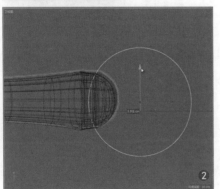

图 10.75

33▶ 设置"点差值方式"为"统一"，按 C 键将曲线塌陷为可编辑曲线，如图 10.76 所示。

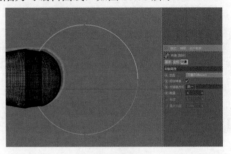

图 10.76

34▶ 选择点，右击，在快捷菜单中选择"断开连接"命令，如图 10.77 所示。

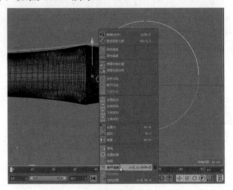

图 10.77

35▶ 将圆形曲线移动成挂环的样式，如图 10.78 所示。

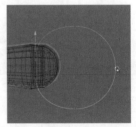

图 10.78

36▶ 继续新建一个圆环，作为挂环的截面❶。选择"扫描"工具，在"对象"面板将两个圆环曲线拖到"扫描"下方，使其成为"扫描"的子物体❷，如图 10.79 所示。

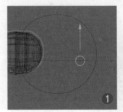

图 10.79

37 将两个圆环扫描成型，调整截面圆形的尺寸，改变挂环的截面粗细❶，最终模型完成效果❷，如图 10.80 所示。

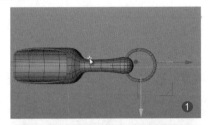

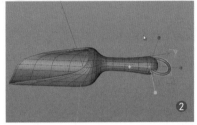

图 10.80

10.1.5 罐中糖果

下面使用动力学系统配合粒子系统制作罐中装满糖果的效果，如图 10.81 所示。

图 10.81

1 打开已经摆放好的场景，如图 10.82 所示。这里将通过动力学和粒子系统模拟瓶子里的糖果以及散落在桌面的糖果。

图 10.82

2 为了方便观察瓶子内部结构，选择瓶子模型，在参数面板的"基本"页面勾选"透显"复选框，将瓶子以半透明方式显示（只是改变了显示模式，并没有改变模型本身的材质），如图 10.83 所示。

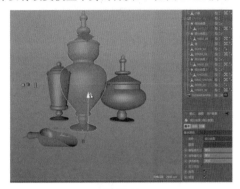

图 10.83

3 执行"模拟">"粒子">"发射器"命令，新建一个粒子物体❶。将粒子物体移动到瓶子的正中心位置并旋转，使其向下发射（播放动画可以观察到粒子发射方向）❷，如图 10.84 所示。

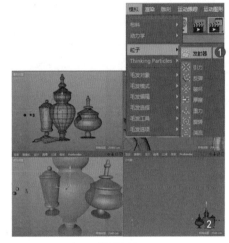

图 10.84

4 在"对象"面板将小熊糖果模型移动到粒子系统下方，成为粒子的子级❶。在"粒子"参数面板勾选"显示对象"复选框❷，如图 10.85 所示。

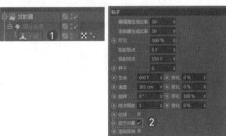

图 10.85

5 此时粒子发射出的粒子为小熊糖果模型，设置发射数量（"渲染器生成比率"代表粒子生成的数量）和起始帧（"投射起点"代表何时开始发射粒子，"投射终点"代表何时结束粒子发射，这里让粒子在第 0 帧之前就开始发射粒子，在第 30 帧结束，这就说明瓶子内在第 30 帧就已经放满小熊糖果了），如图 10.86 所示。

图 10.86

6 制作粒子和瓶子的碰撞，让粒子发射出的小熊糖果模型能够停留在瓶子内。在"对象"面板右击模型，在快捷菜单中选择"刚体"标签，给瓶子和小熊分别添加"刚体"标签，如图 10.87 所示。

图 10.87

7 在小熊的刚体参数面板中设置"继承标签"为"应用到标签子级"①，设置"独立元素"为"全部"②，这样每个粒子都可以分别产生动力学碰撞了，如图 10.88 所示。

8 在瓶子的刚体参数面板中设置"外形"为"静态网格"，这样瓶子就会在碰撞时纹丝不动，如图 10.89 所示。

图 10.88　　　　图 10.89

9 播放动画，让系统开始进行动力学计算，可以看到粒子发射出的小熊糖果模型发射到了瓶子内，如图 10.90 所示。

图 10.90

10 在"对象"面板按住 Ctrl 键拖动复制两组粒子发射器①，这样小熊糖果就产生了三组不同的发射效果，可以设置不同的颜色来混合，让效果更加自然真实②，如图 10.91 所示。

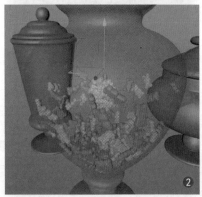

图 10.91

11 给三个粒子分别设置不同的"渲染器生成比率"，会让三个颜色的粒子产生不同数量分配，如图 10.92 所示。

图 10.92

12 用同样的方法给另外两个瓶子内放满糖果（圆形糖果和星形糖果），如图 10.93 所示。

图 10.93

13 新建一个立方体作为桌面，将立方体放置在瓶子下方，如图 10.94 所示。

图 10.94

14 建立一个平面物体作为场景的背景，这样就简单搭建好了一个场景，如图 10.95 所示。

图 10.95

10.2 材质制作

本节介绍糖果材质、玻璃材质和背景桌面材质的设置方法。

10.2.1 制作半透明糖果材质

下面利用"传输"颜色和"散射介质"制作红色糖果，设置"伪阴影"让黄色糖果更通透，完成后效果如图 10.96 所示。

工程：材质文件\S\073

图 10.96

1 新建一个"镜面"材质（给这个材质球制作红色糖果效果）❶，设置"粗糙度"❷，如图 10.97 所示。

图 10.97

2 在"折射率"通道设置"折射率"（较高的折射率会产生高反射效果），如图 10.98 所示。

图 10.98

3 在"传输"通道设置"颜色"为红色（糖果会透出红色，这里颜色不能过重，传输会对这里的颜色夸张显示），如图 10.99 所示。

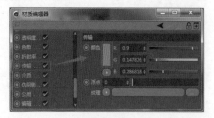

图 10.99

4 设置"介质"通道的"纹理"为"散射介质" **❶**，设置"吸收纹理"为"菲涅耳（Fresnel）" **❷**，设置菲涅尔渐变（让糖果透明效果更逼真）**❸**，如图 10.100 所示。

图 10.100

5 下面设置黄色糖果材质，新建一个"镜面"材质 **❶**，设置"粗糙度" **❷**，设置"折射率" **❸**，如图 10.101 所示。

图 10.101

6 设置"传输"通道的"颜色"为黄色 **❶**，勾选"伪阴影"复选框（让材质阴影透亮）**❷**，如图 10.102 所示。

图 10.102

7 用同样的方法制作不同颜色的糖果，并将它们分别赋给糖果粒子 **❶**。糖果的渲染效果 **❷**，如图 10.103 所示。

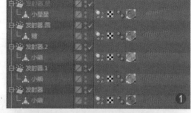

图 10.103

10.2.2　制作背景贴图

■1 新建一个"漫射"材质，打开"节点编辑器"，新建一个"图像纹理"节点，如图 10.104 所示。

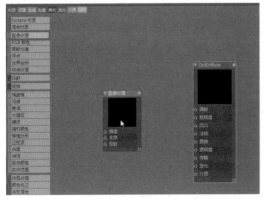

图 10.104

■2 设置"图像纹理"的贴图为"咖啡墙贴图"（background.jpg），将该节点拖到"漫射"通道，如图 10.105 所示。

图 10.105

■3 新建一个"纹理发光"节点，将该节点与"发光"通道连接，并将"图像纹理"节点与"纹理发光"节点连接，如图 10.106 所示。

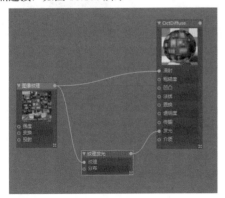

图 10.106

■4 在"纹理发光"参数面板设置"功率"（控制贴图亮度）。将该材质赋给背景平面物体，如图 10.107 所示。

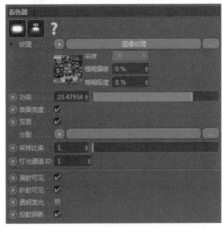

图 10.107

■5 新建一个"漫射"材质❶，设置"漫射"通道的"纹理"贴图为"桌布"（zb.jpg）❷，如图 10.108 所示。

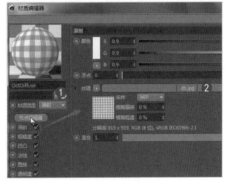

图 10.108

■6 进入"节点编辑器"面板，将"图像纹理"节点与"凹凸"通道连接（产生凹凸布纹），如图 10.109 所示。

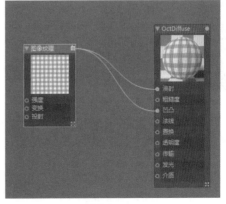

图 10.109

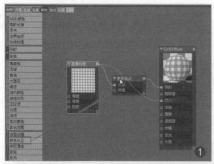

7 将"颜色校正"节点拖到"漫射"通道与"图像纹理"节点的连线上，让其参与颜色修改❶。设置"颜色校正"值，在材质球预览框可以实时观察颜色变化，这里将桌布颜色调整为红色❷，如图 10.110 所示。

8 将该材质赋给桌面，单击 按钮进入贴图平面调整状态，缩放调节框，让贴图尺寸更适合桌面，如图 10.111 所示。

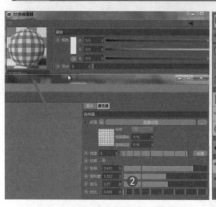

图 10.110

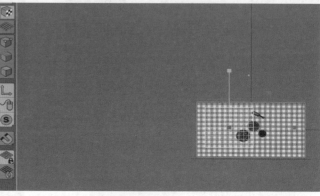

图 10.111

10.3　灯光环境设置

本节介绍使用 HDRI 和灯光配合制作真实的场景环境布光的具体操作。

10.3.1　HDRI 环境

1 打开 Octane 渲染器窗口，执行主菜单中的"对象"＞"Octane HDRI 环境"命令❶，建立一个 OctaneSky 材质球❷，如图 10.112 所示。

图 10.112

2 设置天空的"纹理"图像为 HDRI 贴图（将"87time hdr050.hdr"直接拖到"图像纹理"按钮上即可），如图 10.113 所示。

3 在 Octane 渲染器窗口单击 按钮进行实时渲染，可以看到 HDRI 贴图产生了光照效果，如图 10.114 所示。

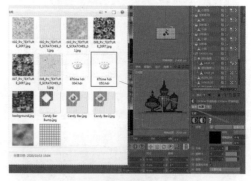

图 10.113

图 10.114

4 新建一个"镜面"材质❶，设置"折射率"通道的玻璃折射率，如图 10.115 所示。

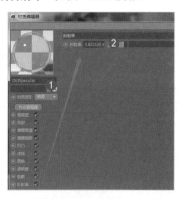

图 10.115

5 将该材质赋给场景中的玻璃瓶物体（直接把材质球拖到实时渲染窗口的瓶子上即可），如图 10.116 所示。

图 10.116

6 在 OctaneSky 材质球参数面板修改旋转 X 轴的同时可以在渲染窗口实时观察到 HDRI 光线对玻璃体的照射情况，如图 10.117 所示。

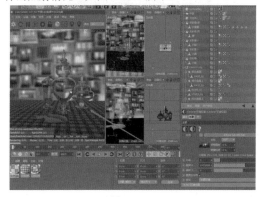

图 10.117

10.3.2 设置灯光

1 执行主菜单中的"对象">"Octane 区域光"命令❶，在场景中建立灯光❷，如图 10.118 所示。

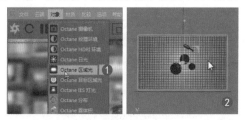

图 10.118

2 将灯光放大并移动到场景左边❶，设置灯光参数❷，如图 10.119 所示。

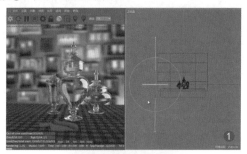

图 10.119

3 将这个灯光复制到场景右边，产生右边的照明反射效果，如图 10.120 所示。

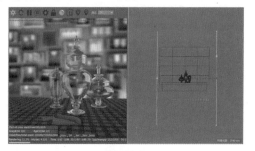

图 10.120

10.4 动画设置

本节将使用刚体动力学和破碎运动图像制作玻璃爆破动画。

1 在场景中对瓶子和瓶盖执行"连接对象＋删除"命令，将它们连接成一个模型，然后给模型添加"曲面细分"，继续将其塌陷为可编辑多边形（将物体更名为"破碎瓶子"），如图 10.121 所示。

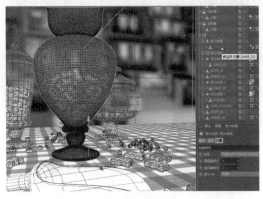

图 10.121

2 给"破碎瓶子"物体添加"破碎"运动图形，如图 10.122 所示。

3 新建一个立方体，将其移动到与瓶子撞击的位置，如图 10.123 所示。

图 10.122　　　　图 10.123

4 在"破碎"参数面板选择"来源"下方的"点生成器 - 分布"，将破碎位置控制在立方体与瓶体的范围，如图 10.124 所示。

图 10.124

5 在"变化"区域设置破碎中心的位置①。在视图中可以观察到破碎效果②，如图 10.125 所示。

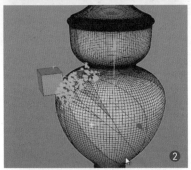

图 10.125

6 下面制作立方体的动画，先设置动画总长度为 600 帧①。移动时间滑块到第 300 帧②，移动立方体位置，让立方体与瓶体没有接触，单击 按钮，手记录打一个关键帧③，如图 10.126 所示。

图 10.126

7 移动时间滑块到第 305 帧❶，移动立方体的位置，让立方体与瓶体接触（撞击）❷，单击◉按钮记录一个关键帧❸。这样就制作了立方体从第 300 帧到 305 帧的移动动画，如图 10.127 所示。

图 10.127

8 将"破碎瓶子"物体后面的"刚体"标签移动到"破碎"后面，如图 10.128 所示。

图 10.128

9 制作物体破碎的动画。在"对象"面板选择"刚体"标签，移动时间滑块到第 304 帧❶，在参数面板单击"外形"前面的圆形按钮，使其变为红色。此时就在 0~304 帧设置了"外形"为"静态网格"的动力学状态❷。因为想让瓶体内盛满糖果，必须设置为"静态网格"，否则糖果会将瓶子撞碎，如图 10.129 所示。

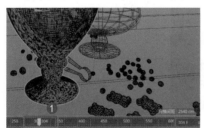

图 10.129

10 移动时间滑块到第 305 帧（立方体与瓶子撞击的那一帧）❶，在参数面板设置"外形"为"自动"，单击"外形"前面的圆形按钮，使其变为红色❷。此时就在第 305 帧让瓶体碎片与立方体产生自动碰撞的动画。设置"继承标签"为"应用标签到子级""独立元素"为"全部"（这样动力学就可以让每个碎片都独立进行动力学运算了）❸，如图 10.130 所示。

图 10.130

11 选择桌面模型，给桌面模型添加"刚体"标签（让桌面能够托起落下的碎片和糖果），如图 10.131 所示。

图 10.131

12 设置"外形"为"静态网格"（让桌面保持不动）
❶，设置"反弹"为1%，"摩擦力"为1000% ❷，
让糖果和碎片落下时不会因弹力过大到处乱飞，如
图 10.132 所示。

图 10.132

13 选择与瓶子碰撞的立方体，给它添加一个"碰
撞体"标签 ❶。在参数面板设置"继承标签"为"应
用到标签子级"，设置"外形"为"自动" ❷，如
图 10.133 所示。

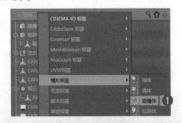

图 10.133

14 单击 ▶ 按钮进行动力学运算，可以看到第
0~300 帧，糖果从粒子物体落下来装满瓶子，从
300~305 帧立方体开始运动碰撞到瓶子，305 帧瓶
子开始破裂，糖果和瓶子碎片散落在桌面上反弹，
如图 10.134 所示。

图 10.134

15 下面截取了动画播放过程截图作为效果展示，
如图 10.135 所示。

图 10.135

第11章

综合案例应用——小熊奶瓶

本章导读：

本章继续通过案例时前面章节学习的内容进行综合应用，制作小熊奶瓶的模型并进行材质设置和渲染，制作过程中使用了多种参数化几何形体和编辑工具，对点、线、面熟练应用是本章学习的重点。

知识点	学习目标			
	了解	理解	应用	实践
视图设置			√	√
渲染设置			√	√
模型制作			√	√
材质设置			√	√

11.1 小熊奶瓶建模

下面我们将进行小熊奶瓶的建模，会用到挤压、倒角、滑动、循环/路径切割、缝合等工具。在制作过程中会详细讲解如何通过参考图进行精准建模。

11.1.1 制作瓶身

1 按 Shift+V 快捷键打开背景"视窗"设置面板，将奶瓶的正面参考图拖到正视图中①，显示效果②，如图 11.1 所示。

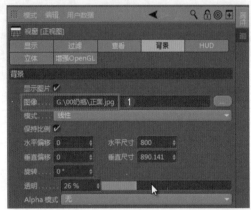

图 11.1

2 设置参考图的"透明"参数，如图 11.2 所示。

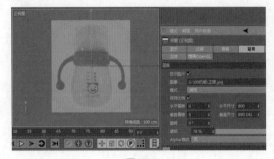

图 11.2

3 新建一个圆柱体，将其尺寸设置为与奶瓶瓶体宽度相同，一般情况下制作圆柱体设置"旋转分段"为 8 的倍数，这样可以控制分段的正中心有居中线条（方便后面使用"对称"命令），这里设置"旋转分段"数为 36 ①。取消勾选"封顶"复选框②，目的是产生上下没有顶面的圆柱体。目前完成的效果③，如图 11.3 所示。

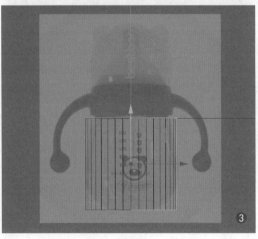

图 11.3

4 按 C 键将圆柱体转换为可编辑多边形。进入边次物体级别，右击，在快捷菜单中选择"循环 / 路径切割"命令❶，单击➕按钮 3 次产生 3 条等分分割线❷，如图 11.4 所示。

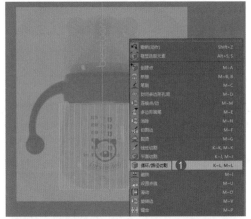

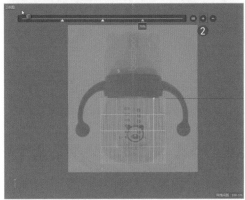

图 11.4

5 按 U、L 键循环选择边，将循环边缩放至参考图的大小，如图 11.5 所示。

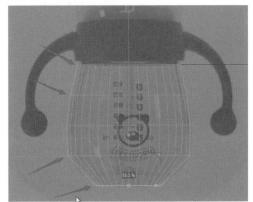

图 11.5

6 按住 Ctrl 键配合"移动"工具可以向下复制❶，并将复制边缩小❷，产生底部封闭造型，如图 11.6 所示。

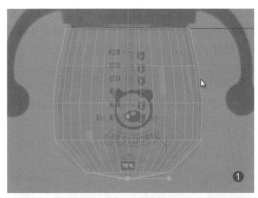

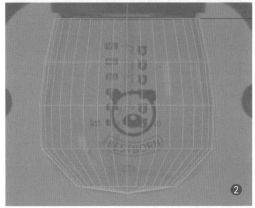

图 11.6

7 给模型添加"细分曲面"❶，进行光滑测试，目前效果❷，如图 11.7 所示。

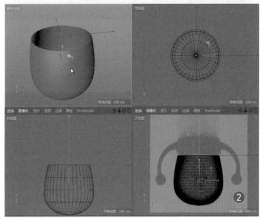

图 11.7

⑧ 按 U、L 键循环选择顶部开口边❶，选择"缩放"工具，按 Ctrl+Shift 快捷键将边线以中心点为轴心向内复制缩小，形成厚度❷，如图 11.8 所示。

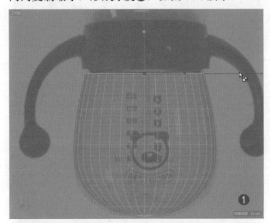

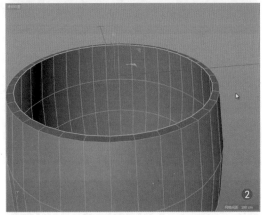

图 11.8

⑨ 选择"移动"工具，按住 Ctrl 键的同时向上复制边线，如图 11.9 所示。

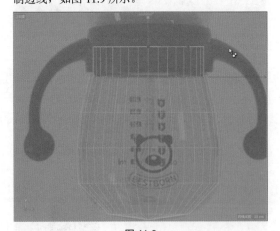

图 11.9

⑩ 用刚才的方法缩小瓶口形成厚度，并向下移动复制，形成瓶子的内部曲面，如图 11.10 所示。

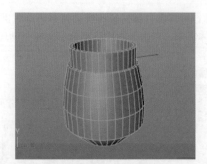

图 11.10

11.1.2 制作手柄

① 在瓶口处按照参考图的位置新建一个圆柱体，如图 11.11 所示。

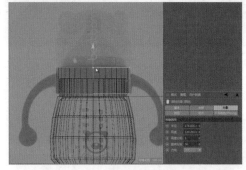

图 11.11

② 按 M、L 键，用"循环 / 路径切割"工具制作切割线，如图 11.12 所示。

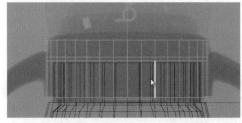

图 11.12

③ 在面次物体级别按 UB 键对中间的面进行循环选择，如图 11.13 所示。

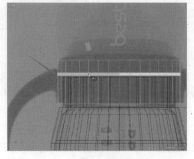

图 11.13

4. 右击模型，在快捷菜单中选择"内部挤压"命令，对选中面进行内部挤压，如图 11.14 所示。

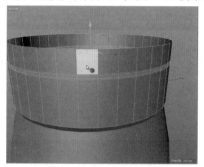

图 11.14

5. 右击模型，在快捷菜单中选择"沿法线移动"命令，对选中面进行内部移动（形成凹槽），如图 11.15 所示。

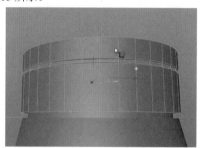

图 11.15

6. 循环选择圆柱体边缘的线❶，对其进行缩放复制，形成厚度❷，如图 11.16 所示。

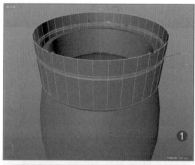

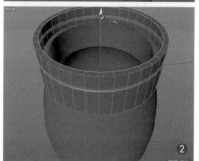

图 11.16

7. 向下复制形成内壁，并在圆柱体下方对其外沿。右击模型，在快捷菜单中选择"缝合"命令，按 Shift 键对下方开口加面缝合，如图 11.17 所示。

图 11.17

8. 在点次物体级别框选上半部分顶点❶，对其进行缩小❷，如图 11.18 所示。

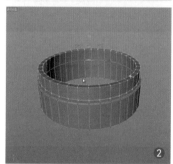

图 11.18

9. 进入面次物体级别，选择侧面的两个面❶，移动复制到上方❷，如图 11.19 所示。

图 11.19

10▶ 按 M、L 键对圆柱体下方的面进行循环切割（加一圈线），如图 11.20 所示。

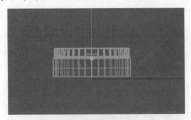

图 11.20

11▶ 选择侧面的 4 条边，准备制作奶瓶把手，如图 11.21 所示。

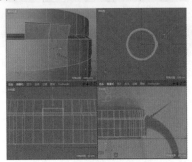

图 11.21

12▶ 为了方便操作，在主菜单执行"选择">"隐藏未选择"命令❶，将其余面隐藏❷，如图 11.22 所示。

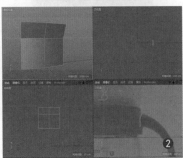

图 11.22

13▶ 在右视图新建一个多边形曲线，设置"侧边"为 8 ❶，将其缩放并拖到选中的四边面内，并与其中心点对齐❷，这个正八边形将作为手柄截面的参考线（正八边形进行曲面细分后可以形成正圆形），如图 11.23 所示。

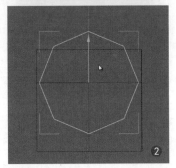

图 11.23

14▶ 在主菜单执行"选择">"全部显示"命令❶，取消对所有面的隐藏操作。按 MO 键选择"滑动"工具，在右视图将形状周围的点滑动到正八边形的位置（"滑动"工具的好处是在移动点的同时不会产生模型变形，点仅在当前模型曲率上进行滑动）。此时就有了一个正八边形的手柄截面❷，如图 11.24 所示。

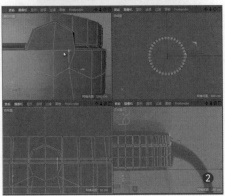

图 11.24

15 选择刚才的 4 个面（目前已经成为八边形）❶，在正视图中移动并复制它们❷，如图 11.25 所示。

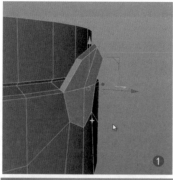

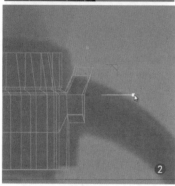

图 11.25

16 按住 Shift 键的同时缩小 X 轴，可以将选中的面压缩到一个平面，方便操作，如图 11.26 所示。

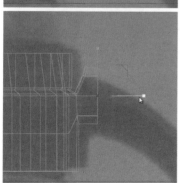

图 11.26

17 继续移动并复制❶，最终形成一个手柄❷，如图 11.27 所示。

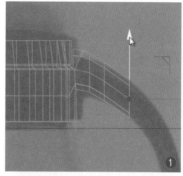

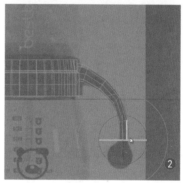

图 11.27

18 制作手柄下方的圆球体。新建一个球体，将其"类型"设置为"六面体"，如图 11.28 所示。

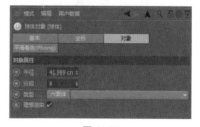

图 11.28

19 对其执行"连接对象 + 删除"命令（成为一体）❶，并进行开口缝合❷，如图 11.29 所示。

图 11.29

20 最终完成右侧的手柄模型，如图 11.30 所示。

图 11.30

21 框选左侧的顶点❶，进行删除操作❷，如图 11.31 所示。

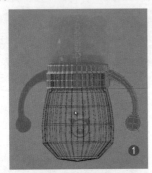

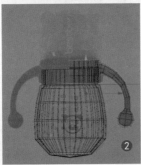

图 11.31

22 按住 Alt 键的同时选择"对称"工具，给模型添加对称，如图 11.32 所示。

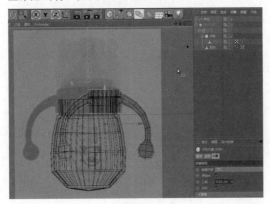

图 11.32

23 激活"启用轴心"按钮，在正视图沿 X 轴调节对称中心，让对称效果刚好重合。由勾选了"焊接点"复选框，所以模型将在一定的公差值内将重合点焊接在一起，如图 11.33 所示。

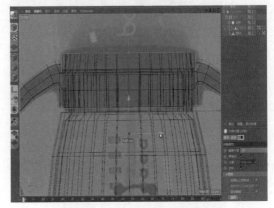

图 11.33

24 勾选"在轴心上限制点"和"删除轴心上的多边形"复选框，对称模型中间的重合边和点将自动删除，如图 11.34 所示。

图 11.34

25 将对称模型塌陷为可编辑多边形，此时手柄模型制作完成，如图 11.35 所示。

图 11.35

26 对想要倒角的循环边进行"倒角"操作，可以加强棱角的硬度，如图 11.36 所示。

图 11.36

11.1.3 制作奶嘴

1 新建一个"分段"数为36的圆柱体（取消封顶），按C键将其塌陷为可编辑多边形，如图11.37所示。

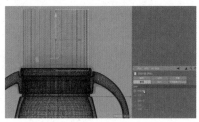

图 11.37

2 进入边次物体级别，按M、L键对圆柱体中间进行循环切割（加线）操作，如图11.38所示。

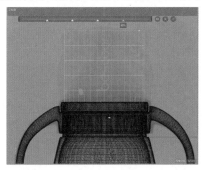

图 11.38

3 在正视图中对这些循环线进行缩放，产生不同的截面❶，根据参考图制作成奶嘴外形❷，如图11.39所示。

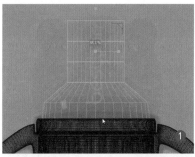

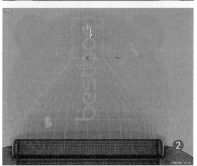

图 11.39

4 可以通过加线的方式制作细节，制作方法参考瓶身，这里不再赘述，如图11.40所示。

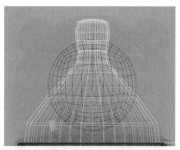

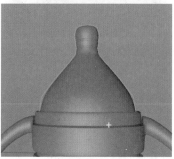

图 11.40

11.1.4 制作瓶盖

1 新建一个球体，设置"类型"为"六面体"❶，六面体的好处是可以产生四边面的球体❷，这在制作光滑模型时非常重要，四边面不会产生褶皱效果，适合工业产品建模，如图11.41所示。

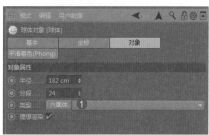

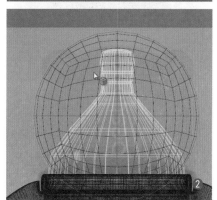

图 11.41

2 按 C 键将球体塌陷为可编辑多边形，将利用这个球体制作盖子。框选下半部分顶点❶，将其删除❷，如图 11.42 所示。

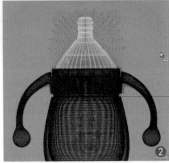

图 11.42

3 圈选开口边❶，向下进行拖动复制❷，如图 11.43 所示。

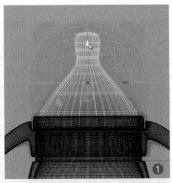

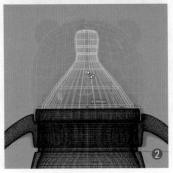

图 11.43

4 勾选多边形的面，右击模型，在快捷菜单中选择"挤压"命令，如图 11.44 所示。

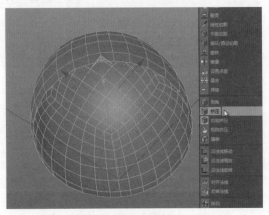

图 11.44

5 按住鼠标左键并检讨，对被选的面进行挤压操作，如图 11.45 所示。

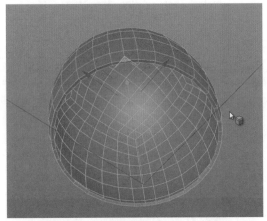

图 11.45

6 选择瓶盖上右侧小熊耳朵部分的面，如图 11.46 所示。

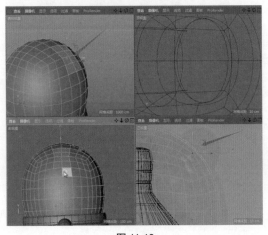

图 11.46

7 右击模型，在弹出的快捷菜单中选择"内部挤压"命令，在参数面板勾选"保持群组"复选框，对模型进行内部挤压操作❶。模型将以一个整体的形式进行挤压❷，如图 11.47 所示。

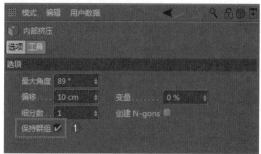

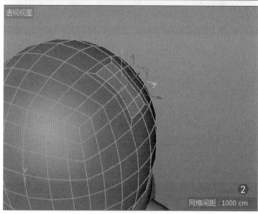

图 11.47

8 进入点次物体级别，移动周围的顶点进行位置调整（可用滑动的方式进行调整，目的是让边缘整齐），如图 11.48 所示。

图 11.48

9 进入到面次物体级别，选择耳朵根部的面❶，右击，在快捷菜单中选择"内部挤压"命令，进行内部挤压操作❷，如图 11.49 所示。

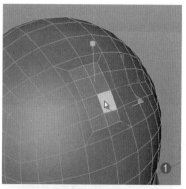

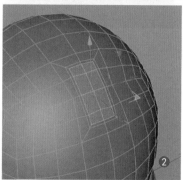

图 11.49

10 在正视图中右击，在快捷菜单中选择"沿法线移动"命令，对被选面进行移动❶。用"循环 / 路径切割"命令在耳朵中间划一条细分线❷，如图 11.50 所示。

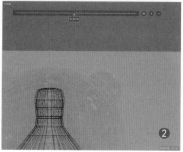

图 11.50

11 调节点，让形状与参考图的耳朵形状相匹配。这样就做好了右边的耳朵，如图 11.51 所示。

图 11.51

12 框选模型左边的点❶，进行删除，只留下右边模型❷，如图 11.52 所示。

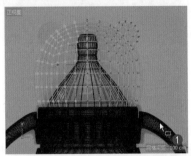

图 11.52

13 按住 Alt 键的同时选择"对称"工具，给模型添加对称。在参数面板勾选"焊接点""在轴心上限制点"和"删除轴心上的多边形"复选框，对称模型中间的重合边和点将自动删除，如图 11.53 所示。

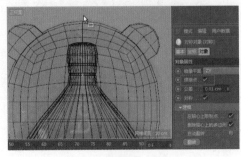

图 11.53

14 在边次物体级别选择耳朵外沿的边❶，对其添加"倒角"命令，做出菱形边❷，如图 11.54 所示。

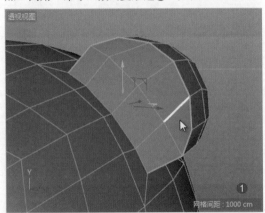

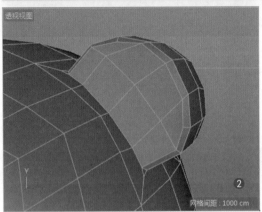

图 11.54

15 瓶子模型制作完成，如图 11.55 所示。

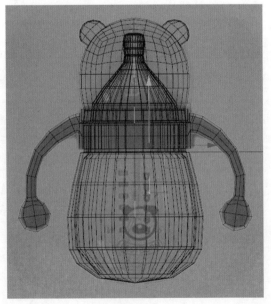

图 11.55

11.1.5　制作重力球吸管

▌1▐ 制作一个球体和一个圆柱体,并将它们拼接在一起,如图 11.56 所示。

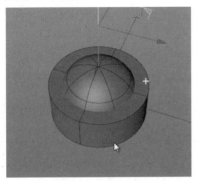

图 11.56

▌2▐ 在工具栏单击 ✐ 按钮,绘制一条曲线(吸管的路径)❶,再制作一个圆环路径(吸管的截面)❷,接下来将用路径和截面生成吸管的实体模型,如图 11.57 所示。

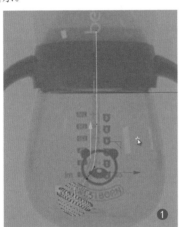

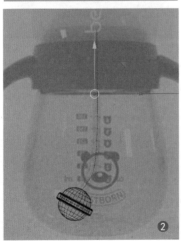

图 11.57

▌3▐ 在工具栏选择"扫描"工具 ✐❶,将"圆环"和"样条"路径曲线拖到"扫描"下方,使它们成为"扫描"的子级❷。吸管制作完成❸,如图 11.58 所示。

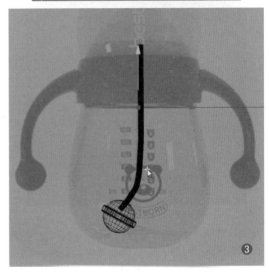

图 11.58

▌4▐ 模型总体制作完成,如图 11.59 所示。

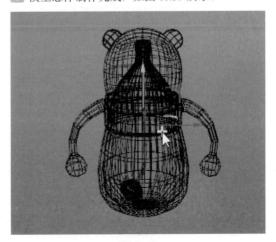

图 11.59

11.2 场景渲染

下面将对场景进行渲染，使用HDRI贴图结合各种参数设置分别对奶瓶、窗帘、桌面大理石、瓶盖、把手等进行材质设置，完成小熊奶瓶制作。

11.2.1 总体渲染设置

1 打开事先搭建好的场景（桌面、花瓶和水果），进行总体渲染设置，如图 11.60 所示。

工程：材质文件\B\002

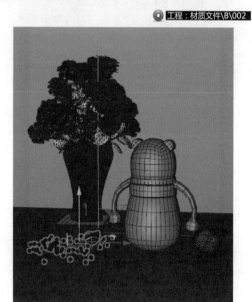

图 11.60

2 在主菜单中执行“Octane”>“Octane 实时查看窗口”命令，打开 Octane 渲染器窗口，单击按钮，打开“Octane 设置”对话框，设置“路径追踪”渲染参数，如图 11.61 所示。

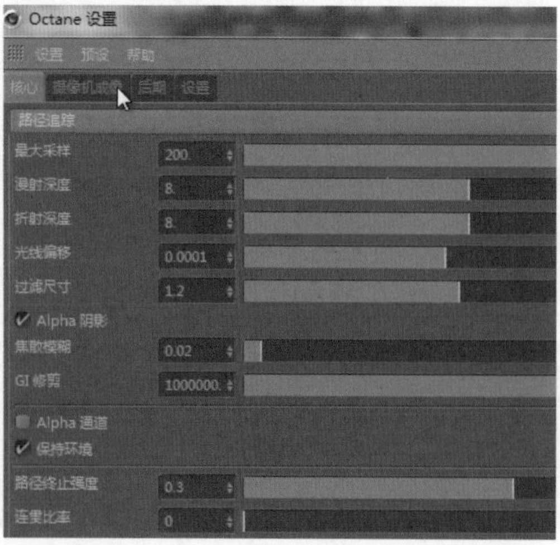

图 11.61

3 切换到“摄像机成像”页面，设置“伽马”和“镜头”参数，如图 11.62 所示。

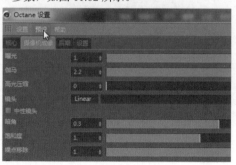

图 11.62

4 单击 Octane 渲染器窗口的按钮，进行实时渲染，如图 11.63 所示。从图中可见需要对奶瓶进行材质设置。

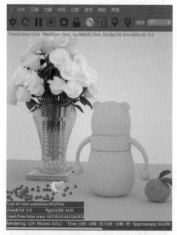

图 11.63

5 在 Octane 渲染器窗口主菜单中执行“对象”>“Octane HDRI 环境”命令，建立一个环境，如图 11.64 所示。

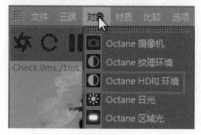

图 11.64

6 在参数面板的"纹理"区域设置一个 HDRI 贴图，如图 11.65 所示。

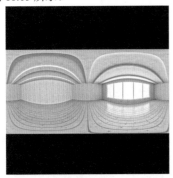

图 11.65

7 此时实时渲染窗口出现了 HDRI 的照明效果，如图 11.66 所示。

图 11.66

11.2.2　窗帘材质设置

1 在 Octane 渲染器窗口主菜单执行"材质">"漫射材质"命令，在"材质球"面板新建一个 Octane "漫射"材质，将该材质赋给窗帘物体。双击该材质球打开"材质编辑器"，单击"节点编辑器"按钮，打开"节点编辑器"面板，将在这里对窗帘进行材质编辑，如图 11.67 所示。

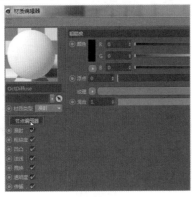

图 11.67

2 新建一个"图像纹理"节点，设置该节点的贴图为"窗帘.jpg"位图，将"图像纹理"节点连接到"漫射"通道，如图 11.68 所示。

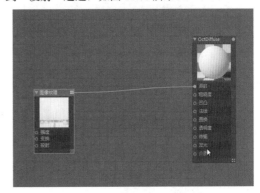

图 11.68

3 在"发光"通道新建一个"纹理发光"节点，将"图像纹理"连接到"纹理发光"的"纹理"通道，如图 11.69 所示。

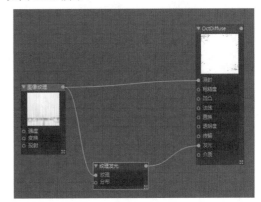

图 11.69

4 此时的实时渲染效果有点曝光过度，如图 11.70 所示。

图 11.70

⑤ 在"纹理发光"面板调节"功率"为 0.6 ❶，此时窗帘的效果是我们需要的❷，如图 11.71 所示。

图 11.71

11.2.3 桌面大理石材质设置

❶ 新建一个"光泽度"材质球，将该材质赋给桌面物体。双击材质球，打开"材质编辑器"对话框，设置"折射率"，如图 11.72 所示。

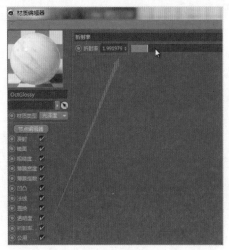

图 11.72

❷ 设置"粗糙度"❶。单击"节点编辑器"按钮❷，打开"节点编辑器"面板，新建一个"图像纹理"节点，设置该节点的贴图为"黑白大理石 (45).jpg"位图，将"图像纹理"节点连接到"漫射"通道❷，如图 11.73 所示。

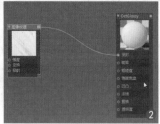

图 11.73

❸ 桌面大理石渲染效果，如图 11.74 所示。

图 11.74

11.2.4 瓶盖材质设置

1 新建一个"镜面"材质,设置"粗糙度"**1**,在"传输"通道设置玻璃的颜色**2**,如图 11.75 所示。

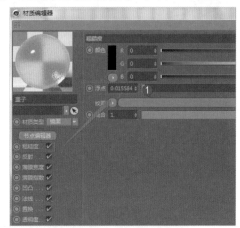

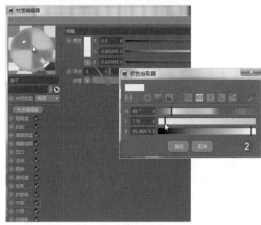

图 11.75

2 设置"折射率",如图 11.76 所示。

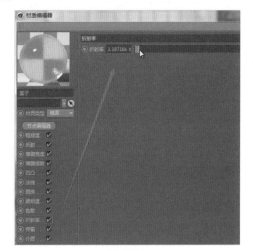

图 11.76

3 此时盖子的渲染效果,如图 11.77 所示。

图 11.77

4 新建一个"漫射"材质,在"节点编辑器"中给"透明度"通道添加"图像纹理"节点,设置"图像纹理"的贴图为"top.png"**1**,设置参数(选择Alpha 通道模式)**2**,如图 11.78 所示。

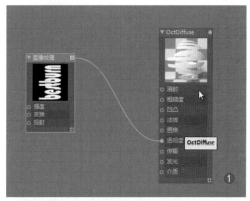

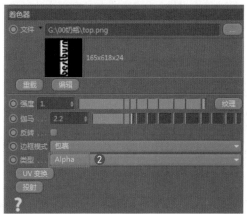

图 11.78

5 选择要贴 Logo 贴图的区域，将该材质球拖到被选面上，如图 11.79 所示。

图 11.79

6 此时的渲染效果，如图 11.80 所示。可以看到贴图坐标不正确，需要调节贴图坐标。

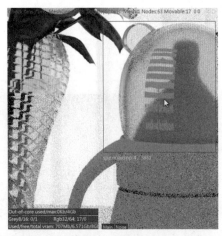

图 11.80

7 在"对象"面板找到"盖子"模型，右击它后面的"镂空材质"标签，在快捷菜单中选择"适合区域"命令❶，然后在正视图中框选要贴图的区域❷，如图 11.81 所示。

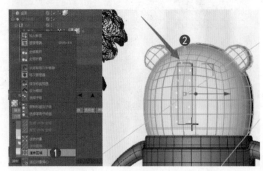

图 11.81

8 重新渲染视图，贴图位置就正确了，如图 11.82 所示。

图 11.82

11.2.5 塑料把手材质设置

1 新建"光泽度"材质❶，在"漫射"通道设置颜色❶。再设置"粗糙度"❷，如图 11.83 所示。

图 11.83

2 可以设置两种不同粗糙度的塑料材质，将两种
材质分别赋给不同区域，如图 11.84 所示。

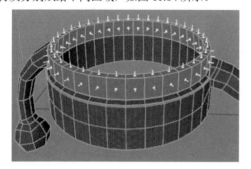

图 11.84

3 把手的最终渲染效果（这里展示了不同的粗糙
度），如图 11.85 所示。

图 11.85

11.2.6 玻璃镂空标签材质设置

1 新建一个"镜面"材质**1**，设置玻璃"折射
率"**2**，如图 11.86 所示。

图 11.86

2 在"传输"通道设置玻璃的颜色**1**，将材质赋
给瓶子**2**，如图 11.87 所示。

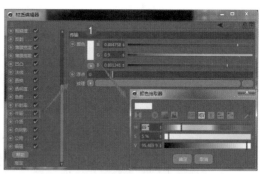

图 11.87

3 设置标志的颜色**1**，设置反射的模糊度**2**，如
图 11.88 所示。

图 11.88

④ 设置"折射率"为 1.3 ❶，单击"节点编辑器"按钮❷，如图 11.89 所示。

图 11.89

⑤ 给"透明度"通道添加"图像纹理"标签❶，设置图像文件❷，设置"边框模式"为白色❸，勾选"反转"复选框设置图像黑白反转❹，选择要贴图的区域❺，拖动材质到选择区域❻。最终渲染效果❼，如图 11.90 所示。

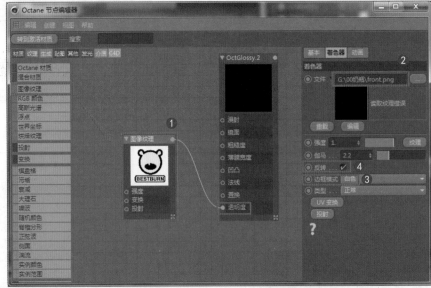

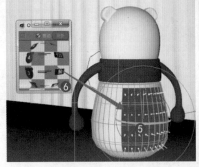

图 11.90